中国图学学会规划教材

普通高等教育"十二五"规划教材

全国CAD技能等级考试指导丛书

土木与建筑类CAD技能等级考试试题集

张建平 杨谆 主编

清华大学出版社

北京

内 容 简 介

中国图学学会组织的全国土木与建筑类CAD技能等级考评分为三级,一级为二维计算机绘图;二级为三维几何建模;三级为复杂三维模型制作与处理。本书汇集了土木与建筑类CAD技能一级和二级的12期完整考评试题及评分参考。

考评试题严格依据《CAD技能等级考评大纲》规定的考评内容、技能要求、知识水平和内容比重,遵循最新的国家技术标准,着重体现工程实用性。本书第一部分为CAD技能一级试题,选用典型工程图例,主要考查二维图形绘制与编辑、建筑与结构施工图绘制技能;第二部分为CAD技能二级试题,选用经过提炼的工程实例,主要考查建筑与结构构件三维造型与编辑、房屋三维建模及渲染等技能;第三部分为各期试题的评分参考。试题内容丰富,题量和难度适中,满足《大纲》及培训要求。

本试题集可与全国CAD技能等级考试教材配套使用,作为CAD技术培训教材,亦可用于大专院校土木、建筑及相关专业的"工程计算机制图"和"计算机辅助设计"教学实例参考书,还可作为工程技术人员掌握计算机绘图与三维建模技术的自学教材。

版权所有,侵权必究。举报:010-62782989,beiqinquan@tup.tsinghua.edu.cn。

图书在版编目(CIP)数据

土木与建筑类CAD技能等级考试试题集/张建平,杨谆主编.—北京:清华大学出版社,2015(2025.1重印)
(全国CAD技能等级考试指导丛书)
ISBN 978-7-302-41102-4

Ⅰ.①土… Ⅱ.①张… ②杨… Ⅲ.①土木工程-建筑制图-计算机辅助设计-应用软件-水平考试-习题集 Ⅳ.①TU204

中国版本图书馆CIP数据核字(2015)第168990号

责任编辑:杨 倩
封面设计:傅瑞学
责任校对:赵丽敏
责任印制:宋 林

出版发行:清华大学出版社
网　　址:https://www.tup.com.cn,https://www.wqxuetang.com
地　　址:北京清华大学学研大厦A座　　　　　　　　邮　编:100084
社 总 机:010-83470000　　　　　　　　　　　　　　邮　购:010-62786544
投稿与读者服务:010-62776969,c-service@tup.tsinghua.edu.cn
质量反馈:010-62772015,zhiliang@tup.tsinghua.edu.cn

印 装 者:大厂回族自治县彩虹印刷有限公司
经　　销:全国新华书店
开　　本:297mm×210mm　　　印　张:11.75　　　字　数:406千字
版　　次:2015年8月第1版　　　　　　　　　　　　印　次:2025年1月第11次印刷
定　　价:42.00元

产品编号:060036-03

全国 CAD 技能等级考试指导丛书

编辑委员会

主任：王建华

委员：李学志　刘　伟　郑国磊　张建平　杨　谆
　　　邱　益　李雪梅　杨光辉　贾焕明　张燕苓

PREFACE

序 言

计算机辅助设计(CAD)技术已经成为现代产品设计和工程设计的工具,并广泛地应用于科学技术的各个领域,形成了独具特色的计算机绘图和三维建模技术。熟练掌握这些技术和工作技能是广大青年学生拓展就业空间的需要,也是加快科技创新步伐的迫切要求。为贯彻《中共中央、国务院关于进一步加强人才工作的决定》精神,落实《高技能人才队伍建设中长期规划(2010—2020年)》工作要求,加快高技能人才队伍建设,"充分发挥各类社会团体在高技能人才培养中的作用,针对经济社会发展实际需要,构建政府推动与社会支持相互结合的社会化、开放式的高技能人才培养体系",中国图学学会联合国际几何与图学学会、国家人力资源和社会保障部教育培训中心,以质量第一、国家需求第一、社会效益第一为宗旨,在全国范围内开展"CAD技能等级"培训与考评工作。为了对该技能培训提供科学、规范的依据,我们组织国内外有关专家,制定了《CAD技能等级考评大纲》(简称《大纲》)。

《大纲》以现阶段CAD技能从业人员所需水平和要求为目标,在充分考虑经济发展、科技进步和产业结构变化的基础上,将CAD技能分为三级:一级为二维计算机绘图,二级为三维几何建模,三级为复杂三维模型制作与处理。根据工作领域的不同,每一级分为两种类型,即"工业产品类"和"土木与建筑类"。CAD技能一级相当于计算机绘图师的水平;二级相当于三维数字建模师的水平;三级相当于高级三维数字建模师的水平。

为了配合CAD技能等级培训与考评工作的进行,中国图学学会于2009年初决定编写配套的培训教程,并成立了"全国CAD技能等级考试丛书"编辑委员会,规划和编写教材9本。2014年初决定编写配套的指导丛书,并成立了"全国CAD技能等级考试指导丛书"编辑委员会,着手规划和落实丛书的编写。这套丛书共计7本,即《工业产品类CAD技能等级考试试题集》、《土木与建筑类CAD技能等级考试试题集》、《工业产品类CAD技能一级考试题解与指导》、《工业产品类CAD技能二级考试题解与指导》、《工业产品类CAD技能三级考试题解与指导》、《土木与建筑类CAD技能一级考试题解与指导》、《土木与建筑类CAD技能二级考试题解与指导》。

本套丛书有以下特点:①两本试题集汇编了全国CAD技能等级考试样卷和第一期~第十二期CAD技能等级考试试题及参考评分标准;②5本考试题解与指导书按照"学以致用、少而精、够用为止"的编写原则,遵循《大纲》要求,以"考试试题"作为实例,按照考题类型,汇编、解析有关的工程图学基本知识,贯彻最新国家标准,强化技能培训;③丛书突出了应用性和实用性,书中的图例均为考试的真题,有立体图和标准答案对照,便于读者领会和掌握。图例的计算机操作步骤,采取一步步展现的方式,便于初学者轻松入门。对于有一定基础的读者,可直读试题类型、解题方法与技巧,用最少的时间掌握CAD的基本知识,提高计算机绘图和三维建模的技能水平,最终达到通过CAD考试的目的。

本套丛书是CAD技能培训与指导用书,也可作为应用型高等学校和高等专科学校相关专业的教材及广大科技工作者、专业教师、学生的工具书。

丛书的各位编写者长期从事图学及CAD技术教育,并直接参与"全国CAD技能等级考试"的相关工作,有较深的学术造诣,有丰富的教学和培训经验,熟练掌握CAD软件的操作与应用,有较丰富的教材编写经验。

  本套丛书由清华大学出版社出版。感谢他们一直以来为丛书出版付出的辛勤劳动及给予的大力支持。

  丛书编写中的不当之处,欢迎广大读者批评指导。

中国图学学会
"全国CAD技能等级考试指导丛书"编辑委员会主任
北京信息科技大学教授
王建华
2015年4月

前言
FOREWORD

计算机辅助设计(computer aided design, CAD)已广泛应用于土木建筑工程全生命期，包括规划、设计、施工及运维的各阶段，极大推动了行业的技术革命。CAD成为现代工程师必须掌握的专业技术，计算机绘图与三维建模也成为工程技术人员必须具备的职业技能。

为了普及CAD技术，提高大专院校学生和工程技术人员从事计算机绘图与三维建模的专业技能，中国图学学会联合国际几何与图学学会、国家人力资源和社会保障部教育培训中心，组织国内外有关专家，制定了《CAD技能等级考评大纲》(简称《大纲》)，在全国范围内开展"CAD技能等级"培训与考评工作。依据《大纲》，土木与建筑类CAD技能分为三级：一级为二维计算机绘图；二级为三维几何建模；三级为复杂三维模型制作与处理。

自2008年起，全国土木与建筑类CAD技能等级考评已经连续举办了十二期，包括一级和二级技能考评。考评试题严格依据《大纲》规定的考评内容、技能要求、知识水平和内容比重，遵循最新的国家技术标准，着重体现工程实用性。本书汇集了土木与建筑类CAD技能一级和二级的第一期至第十二期全部考评试题及评分参考，试题主要源于工程实例，内容丰富，题量和难度适中，满足《大纲》及培训要求。本试题集可与全国CAD技能等级考试教材配套使用，作为CAD技术培训教材，亦可用于大专院校土木、建筑及相关专业的"工程计算机制图"和"计算机辅助设计"教学实例参考书，还可作为工程技术人员掌握计算机绘图与三维建模技术的自学教材。

本书由清华大学张建平和北京建筑大学杨谆主编，其中，杨谆汇编了CAD技能一级试题及评分参考；张建平汇编了CAD技能二级试题及评分参考，并承担试题集的统稿工作。北京交通大学李雪梅审核了各期试题和参考评分标准，全书由清华大学任爱珠主审。

本书的编写得到了多位出题和审题老师及研究生的全力帮助和支持。北京建筑大学王少钦、刘晓然参加了CAD技能一级试题的校核工作，清华大学张永利、王勇、林佳瑞、何田丰、王珩玮参加了CAD技能二级试题的出题，王珩玮、何田丰参加了本书的编撰，中国图学学会秘书长贾焕明、助理张燕苓对本书的编写给予了热情指导，在此一并表示衷心感谢。

由于作者水平有限，书中难免有疏漏和错误，恳请读者批评指正。

编者

2015年4月

目 录
CONTENTS

第1篇　CAD技能等级考试试题——土木与建筑类

第一期 CAD 技能一级(计算机绘图师)考试试题 ………………………………………………… 3
第二期 CAD 技能一级(计算机绘图师)考试试题 ………………………………………………… 6
第三期 CAD 技能一级(计算机绘图师)考试试题 ………………………………………………… 9
第四期 CAD 技能一级(计算机绘图师)考试试题 ………………………………………………… 12
第五期 CAD 技能一级(计算机绘图师)考试试题 ………………………………………………… 15
第六期 CAD 技能一级(计算机绘图师)考试试题 ………………………………………………… 18
第七期 CAD 技能一级(计算机绘图师)考试试题 ………………………………………………… 21
第八期 CAD 技能一级(计算机绘图师)考试试题 ………………………………………………… 24
第九期 CAD 技能一级(计算机绘图师)考试试题 ………………………………………………… 27
第十期 CAD 技能一级(计算机绘图师)考试试题 ………………………………………………… 30
第十一期 CAD 技能一级(计算机绘图师)考试试题 ……………………………………………… 33
第十二期 CAD 技能一级(计算机绘图师)考试试题 ……………………………………………… 36

第一期 CAD 技能二级(三维几何建模师)考试试题 ……………………………………………… 39
第二期 CAD 技能二级(三维几何建模师)考试试题 ……………………………………………… 46
第三期 CAD 技能二级(三维几何建模师)考试试题 ……………………………………………… 53
第四期 CAD 技能二级(三维几何建模师)考试试题 ……………………………………………… 59
第五期 CAD 技能二级(三维几何建模师)考试试题 ……………………………………………… 67
第六期 CAD 技能二级(三维几何建模师)考试试题 ……………………………………………… 75
第七期 CAD 技能二级(三维几何建模师)考试试题 ……………………………………………… 82
第八期 CAD 技能二级(三维几何建模师)考试试题 ……………………………………………… 89

第九期 CAD 技能二级（三维几何建模师）考试试题	96
第十期 CAD 技能二级（三维几何建模师）考试试题	103
第十一期 CAD 技能二级（三维几何建模师）考试试题	110
第十二期 CAD 技能二级（三维几何建模师）考试试题	117

第2篇　CAD 技能等级考试试题评分参考——土木与建筑类

第一期 CAD 技能一级（计算机绘图师）试题参考评分标准	125
第二期 CAD 技能一级（计算机绘图师）试题参考评分标准	126
第三期 CAD 技能一级（计算机绘图师）试题参考评分标准	127
第四期 CAD 技能一级（计算机绘图师）试题参考评分标准	129
第五期 CAD 技能一级（计算机绘图师）试题参考评分标准	130
第六期 CAD 技能一级（计算机绘图师）试题参考评分标准	132
第七期 CAD 技能一级（计算机绘图师）试题参考评分标准	133
第八期 CAD 技能一级（计算机绘图师）试题参考评分标准	135
第九期 CAD 技能一级（计算机绘图师）试题参考评分标准	136
第十期 CAD 技能一级（计算机绘图师）试题参考评分标准	138
第十一期 CAD 技能一级（计算机绘图师）试题参考评分标准	139
第十二期 CAD 技能一级（计算机绘图师）试题参考评分标准	141
第一期 CAD 技能二级（三维几何建模师）试题参考评分标准	142
第二期 CAD 技能二级（三维几何建模师）试题参考评分标准	144
第三期 CAD 技能二级（三维几何建模师）试题参考评分标准	147
第四期 CAD 技能二级（三维几何建模师）试题参考评分标准	150
第五期 CAD 技能二级（三维几何建模师）试题参考评分标准	153
第六期 CAD 技能二级（三维几何建模师）试题参考评分标准	156
第七期 CAD 技能二级（三维几何建模师）试题参考评分标准	159
第八期 CAD 技能二级（三维几何建模师）试题参考评分标准	162
第九期 CAD 技能二级（三维几何建模师）试题参考评分标准	165
第十期 CAD 技能二级（三维几何建模师）试题参考评分标准	168
第十一期 CAD 技能二级（三维几何建模师）试题参考评分标准	171
第十二期 CAD 技能二级（三维几何建模师）试题参考评分标准	174

第1篇

CAD技能等级考试试题——土木与建筑类

第一期CAD技能一级（计算机绘图师）考试试题

共3页　第1页

试卷说明

1. 考试方式：计算机操作，闭卷。
2. 考试时间为180分钟；试卷总分100分。
3. 打开绘图软件后，考生在指定位置建立一个新文件，并以考生考号加考生姓名给文件命名（例如：09001王红.dwg）。考生所作试题全部存在该文件中。

试题部分：

试题一、绘制图幅。(15分)

① 按照以下规定设置图层及线型：

图层名称	颜色（颜色号）	线型	线宽
粗实线	白（7）	Continuous	0.6
中实线	蓝（5）	Continuous	0.3
细实线	绿（3）	Continuous	0.15
虚线	黄（2）	Dashed	0.3
点画线	红（1）	Center	0.15

② 采用1:1比例绘制A2幅面(横放)，在A2图纸幅面内用细实线划分出左侧一个A3幅面，右侧上下两个A4幅面，如下图所示。左侧A3幅面画图框及标题栏，用于绘制试题二，右上方的A4幅面画图框及标题栏，用于试题三。右下方的A4幅面只画图框，用于绘制试题四。标题栏格式及尺寸见所给式样。

要求：应按国家标准绘制图幅、图框、标题栏，图框要留出装订边，标题栏格式及尺寸见所给式样。

③ 设置文字样式，在标题栏内填写文字。

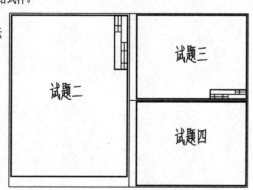

标题栏尺寸及格式：

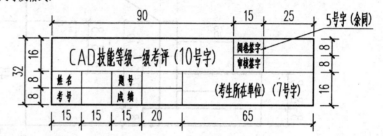

试题二、绘制立体交叉公路平面图并标注尺寸，比例1:100。(25分)

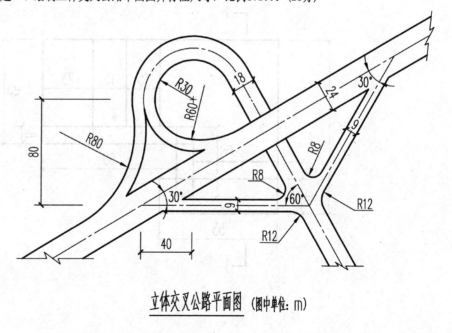

立体交叉公路平面图（图中单位：m）

试题三、采用1:1的比例抄绘组合体的两面投影图,并在侧面投影的位置完成1-1剖面图。全图不标尺寸,断面材料为混凝土。(20分)

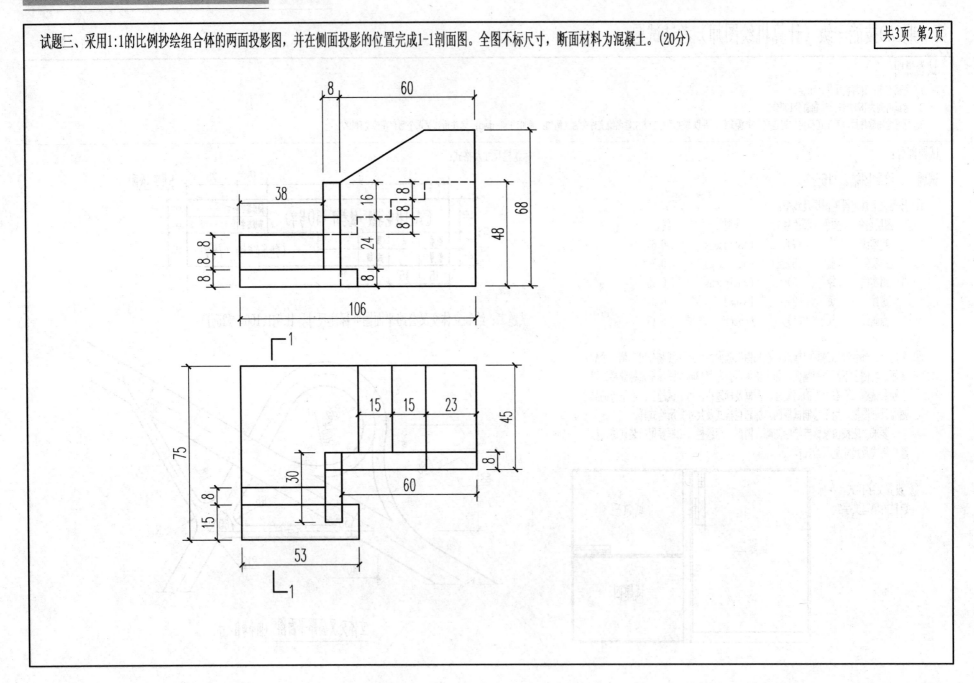

试题四、绘制建筑平面图(40分)，要求：
1. 按试题一的要求，将"三层平面图"绘制在指定位置上，其中楼梯的详细尺寸见楼梯尺寸示意图(该图仅作为尺寸示意，无须绘制)。
2. 绘图比例采用1:100。
3. 要求线型、字体、尺寸应符合国家建筑制图相关标准。不同的图线应放在不同的图层上，尺寸放在单独的图层上。

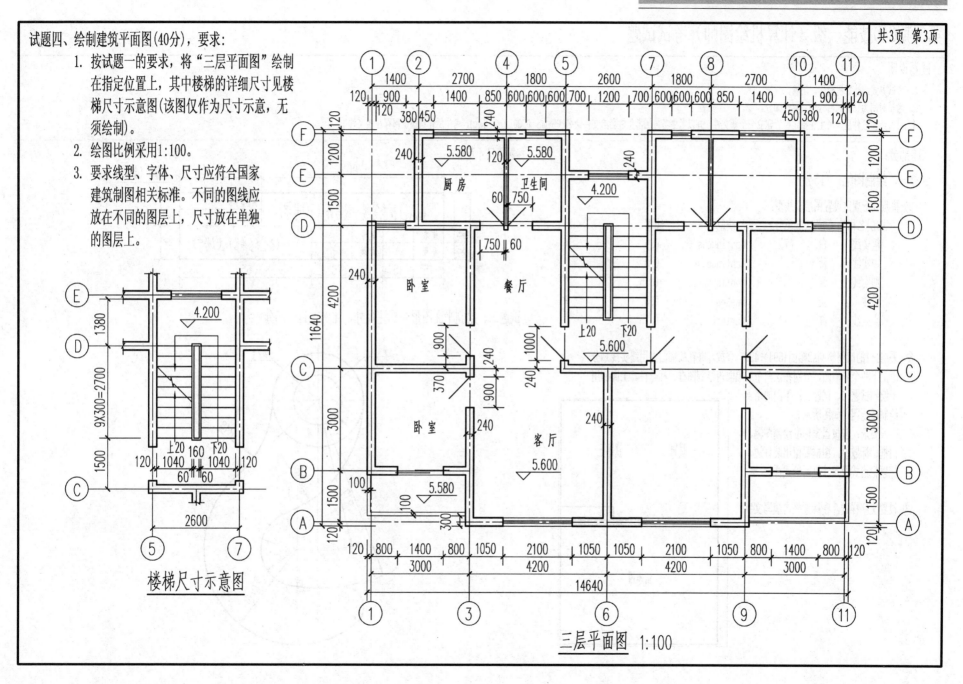

第二期CAD技能一级（计算机绘图师）考试试题

共3页　第1页

试卷说明
1. 考试方式：计算机操作，闭卷。
2. 考试时间为180分钟；试卷总分100分。
3. 打开绘图软件后，考生在指定位置建立一个新文件，并以考生考号加考生姓名给文件命名（例如：09001王红.dwg）。考生所作试题全部存在该文件中。

试题部分：

试题一、绘制图幅。(15分)

① 按照以下规定设置图层及线型：

图层名称	颜色（颜色号）	线型	线宽
粗实线	白　(7)	Continuous	0.6
中实线	蓝　(5)	Continuous	0.3
细实线	绿　(3)	Continuous	0.15
虚线	黄　(2)	Dashed	0.3
点画线	红　(1)	Center	0.15

② 采用1:1的比例绘制A2幅面(594×420，竖放)，并在A2幅面内用细实线划分出上下两个A3幅面，分别在这两个A3幅面内绘制图框、标题栏。上面的用于绘制试题二、试题三；下面的用于绘制试题四，如图所示。

要求：应按国家标准绘制图幅、图框、标题栏，图框要留出装订边，标题栏格式及尺寸见所给式样。

③ 设置文字样式，在标题栏内填写文字。

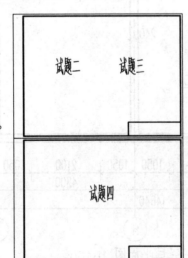

标题栏尺寸及格式：

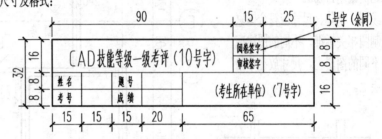

试题二、绘制平面图形并标注尺寸，比例1:1。(25分)

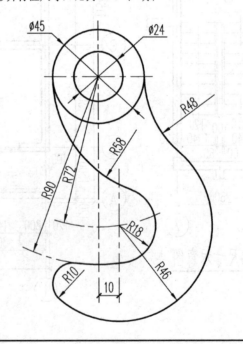

试题三、采用1:20的比例抄绘组合体的正面投影和水平投影,并将侧面投影改画为1-1剖面图。全图不标注尺寸,断面材料为混凝土。(20分)

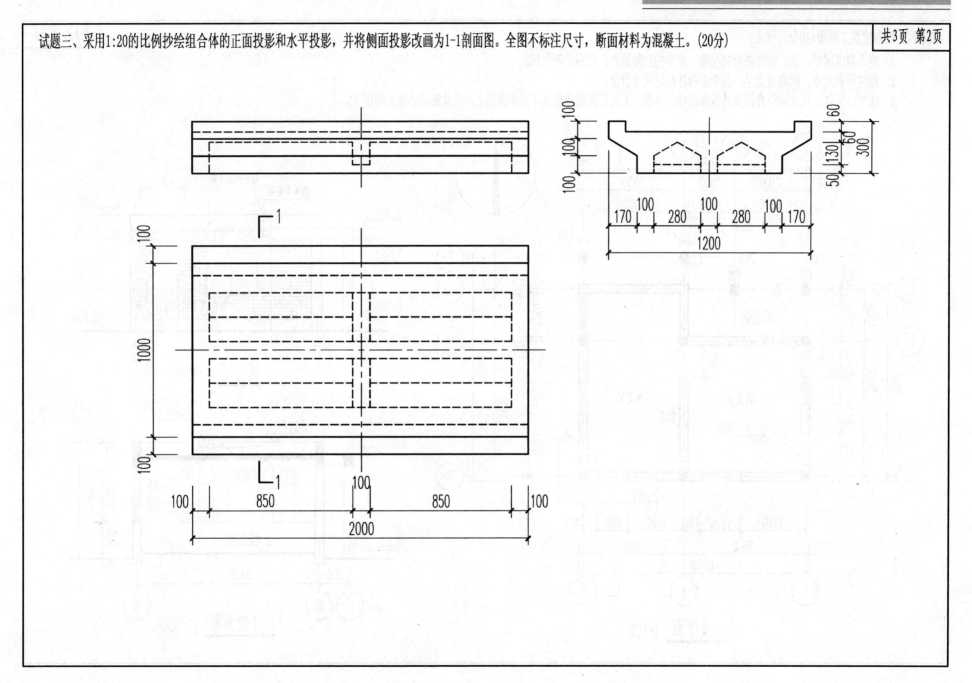

试题四、绘制建筑工程图(40分)，要求：

1. 将下列房屋平、立、剖面图绘制在第一题中的A3幅面内，绘图比例1:100。
2. 标注所有尺寸、标高及文字，图中未标注部位尺寸自定。
3. 线型、字体、尺寸应符合国家建筑制图相关标准。不同的图线应放在不同的图层上，尺寸放在单独的图层上。

一层平面 1:100

西立面 1:100

1-1剖面图 1:100

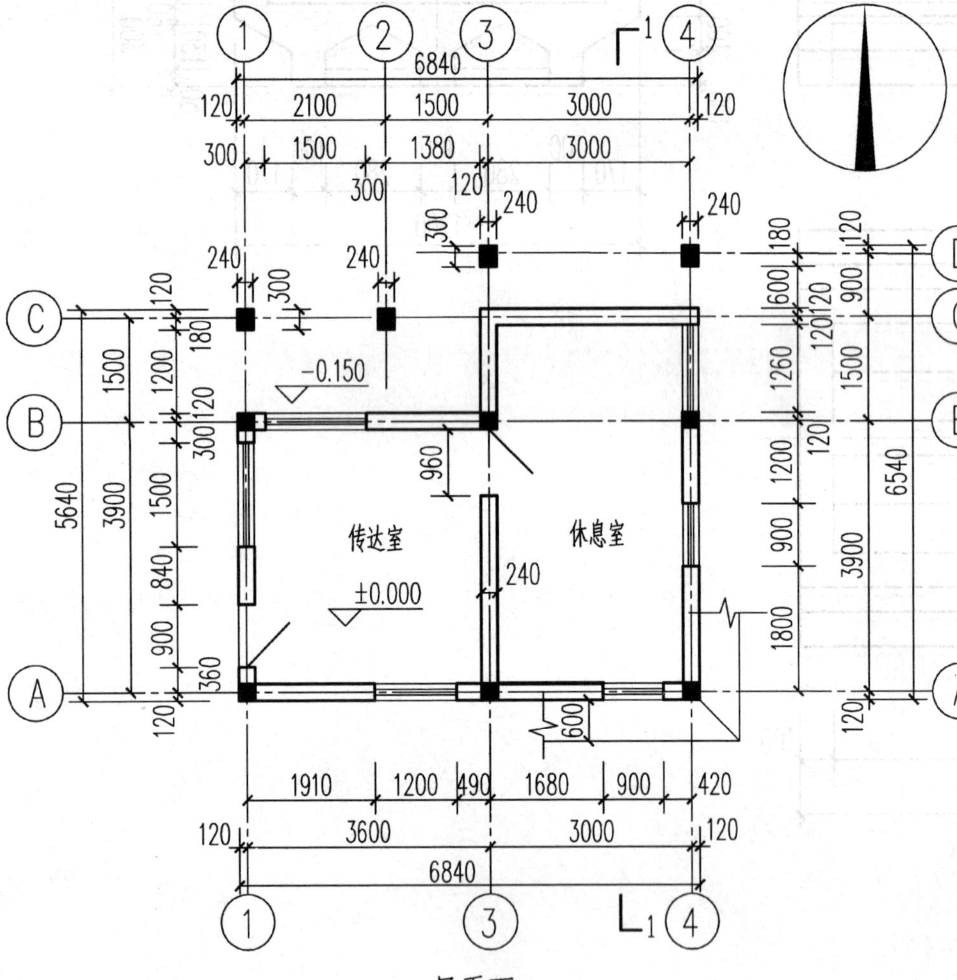

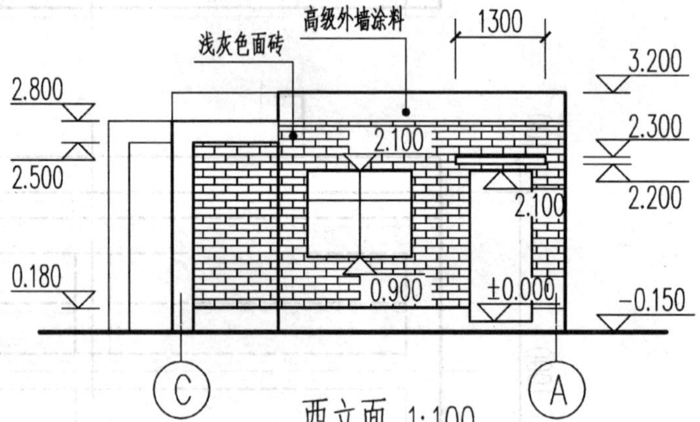

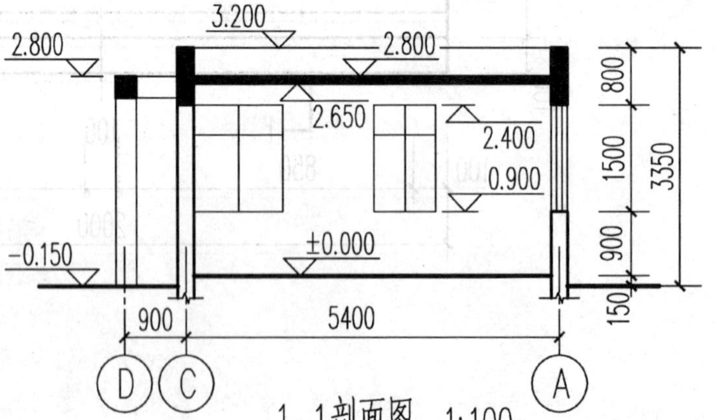

第三期CAD技能一级（计算机绘图师）考试试题

试卷说明

1. 考试方式：计算机操作，闭卷。
2. 考试时间为180分钟；试卷总分100分。
3. 打开绘图软件后，考生在指定位置建立一个新文件，并以考生考号加考生姓名给文件命名（例如：09001王红.dwg）。考生所作试题全部存在该文件中。

试题部分：

试题一、绘制图幅。(15分)

① 按照以下规定设置图层及线型：

图层名称	颜色（颜色号）	线型	线宽
粗实线	白 (7)	Continuous	0.6
中实线	蓝 (5)	Continuous	0.3
细实线	绿 (3)	Continuous	0.15
虚线	黄 (2)	Dashed	0.3
点画线	红 (1)	Center	0.15

② 采用1:1的比例绘制三个A3图幅（420×297），如图所示。将试题二、试题三、试题四分别绘制在指定的位置。

要求：应按国家标准绘制图幅、图框、标题栏，设置文字样式，在标题栏内填写文字。标题栏格式及尺寸见所给式样。左侧的图幅绘制图框时不留装订边，不画标题栏。

标题栏尺寸及格式：

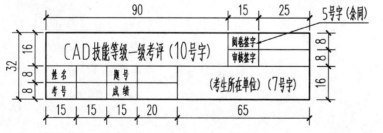

试题二、绘制花格图形并标注尺寸,比例1:1。(25分)

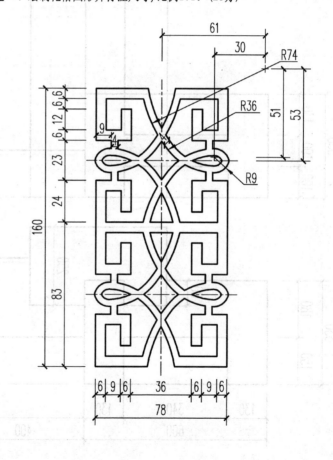

试题三、采用1:10的比例抄绘组合体的两面投影图,并求画侧面投影图。全图不标注尺寸。(20分)

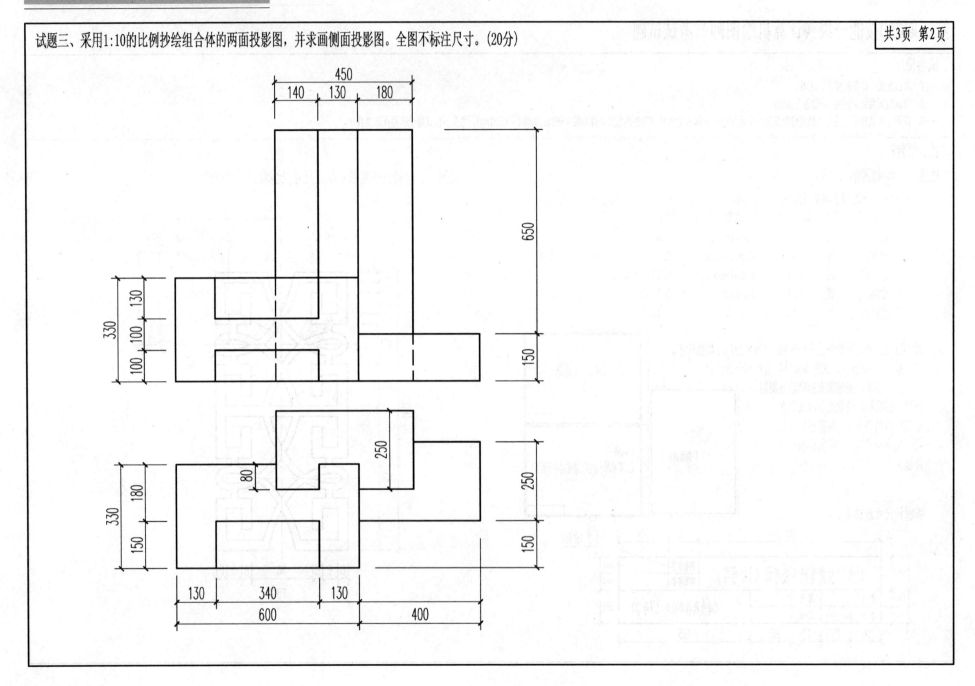

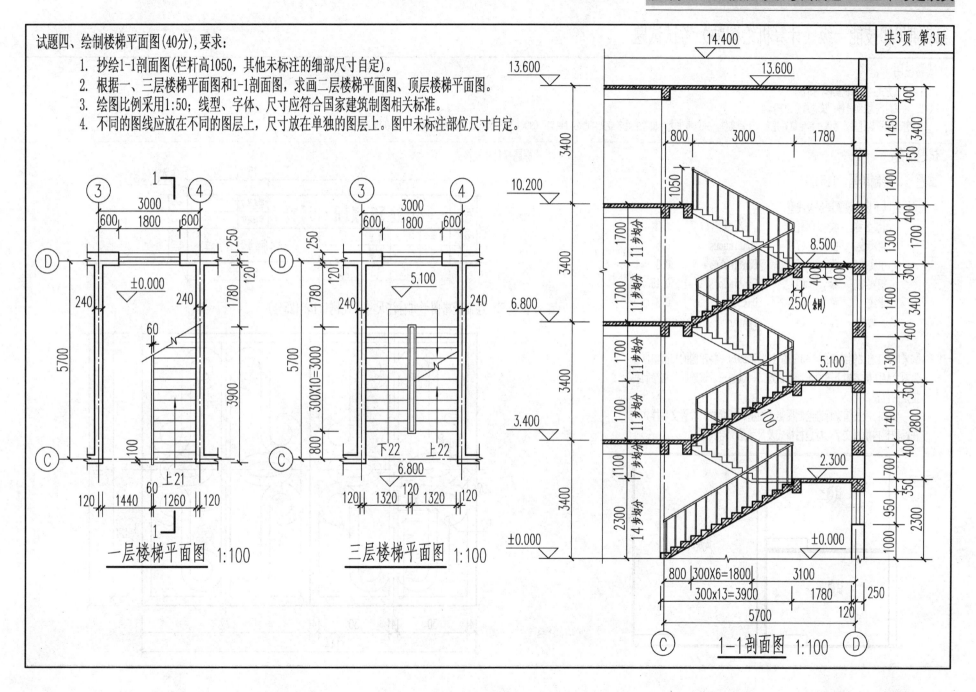

第四期CAD技能一级（计算机绘图师）考试试题

共3页　第1页

试卷说明

1. 考试方式：计算机操作，闭卷。
2. 考试时间为180分钟；试卷总分100分。
3. 打开绘图软件后，考生在指定位置建立一个新文件，并以考生考号加考生姓名给文件命名（例如：09001王红.dwg）。考生所作试题全部存在该文件中。

试题部分：

试题一、绘制图幅。（15分）

①按照以下规定设置图层及线型：

图层名称	颜色	（颜色号）	线型	线宽
粗实线	白	（7）	Continuous	0.6
中实线	蓝	（5）	Continuous	0.3
细实线	绿	（3）	Continuous	0.15
虚线	黄	（2）	Dashed	0.3
点画线	红	（1）	Center	0.15

②采用1:1的比例绘制两个A3图幅（420×297），将左侧的A3图幅再分为两个A4图幅，如下图所示。将试题二、试题三、试题四分别绘制在指定的位置。

要求：应按国家标准绘制图幅、图框、标题栏，设置文字样式，在标题栏内填写文字。标题栏格式及尺寸见所给式样。

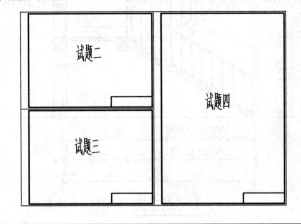

标题栏尺寸及格式：

试题二、绘制花格图形并标注尺寸，比例1:1。（25分）

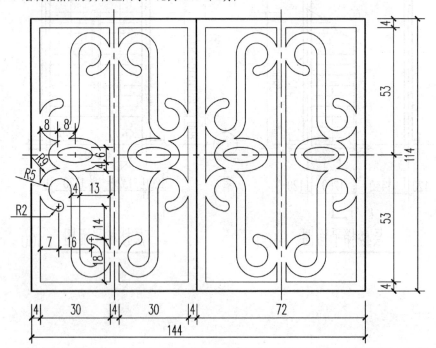

试题三、采用1:10的比例抄绘组合体的两面投影图，并求画侧面投影图。全图不标注尺寸。(20分)

试题四、绘制房屋剖面图(40分),要求:

1. 绘图比例1:100。
2. 线型、字体、尺寸应符合国家建筑制图相关标准,不同的图线应放在不同的图层上,尺寸放在单独的图层上。
3. 楼板及楼梯板厚度均为100,C、D轴间的窗尺寸为1800×2100,左右居中布置。个别未标注尺寸自定。

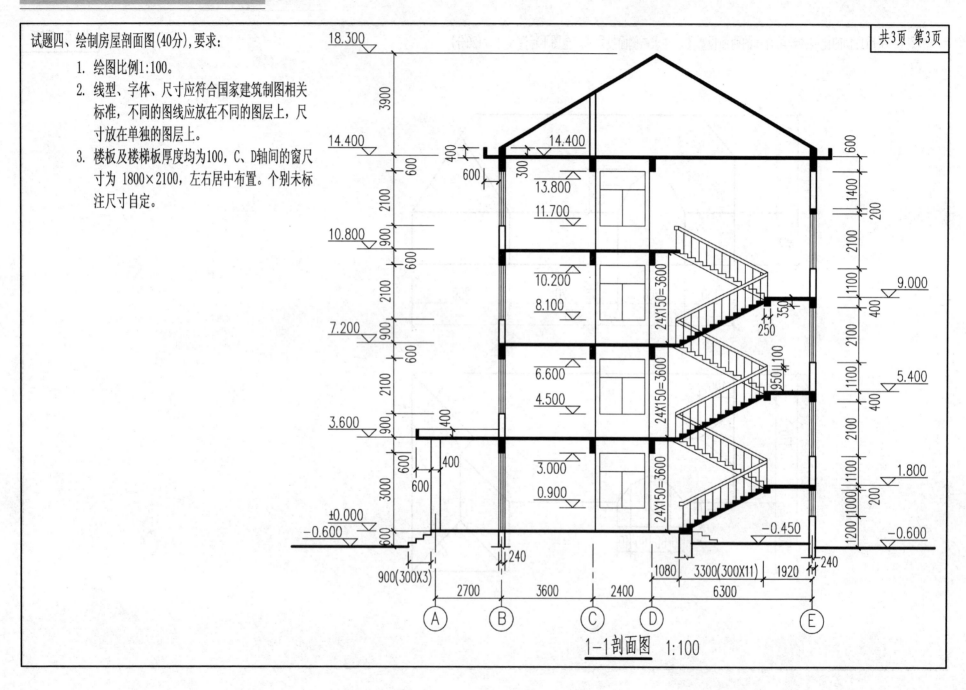

1-1剖面图 1:100

第五期CAD技能一级（计算机绘图师）考试试题

共3页　第1页

试卷说明

1. 考试方式：计算机操作，闭卷。
2. 考试时间为180分钟；试卷总分100分。
3. 打开绘图软件后，考生在指定位置建立一个新文件，并以考生考号加考生姓名给文件命名（例如：09001王红.dwg）。考生所作试题全部存在该文件中。

试题部分：

试题一、绘制图幅。(15分)

① 按照以下规定设置图层及线型：

图层名称	颜色（颜色号）	线型	线宽
粗实线	白 (7)	Continuous	0.6
中实线	蓝 (5)	Continuous	0.3
细实线	绿 (3)	Continuous	0.15
虚线	黄 (2)	Dashed	0.3
点画线	红 (1)	Center	0.15

② 采用1:1的比例绘制上下两个A3图幅。上面的用于绘制试题二、试题三；下面的用于绘制试题四，如图所示。

要求：应按国家标准绘制图幅、图框、标题栏，设置文字样式，在标题栏内填写文字。标题栏尺寸及格式见所给式样。

③ 设置文字样式，在标题栏内填写文字。

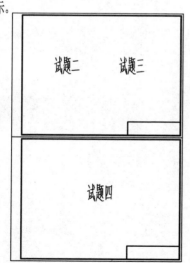

标题栏尺寸及格式：

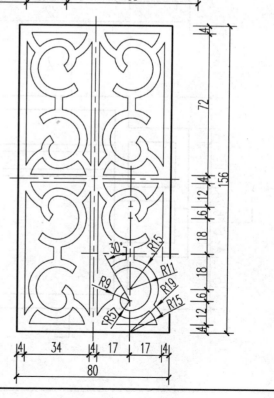

试题二、绘制花格图形并标注尺寸，比例1:1。(20分)

试题三、采用1:1的比例抄绘组合体的三面投影图,并求画1-1剖面图和2-2剖面图。全图不标注尺寸,断面材料为普通砖。(25分)

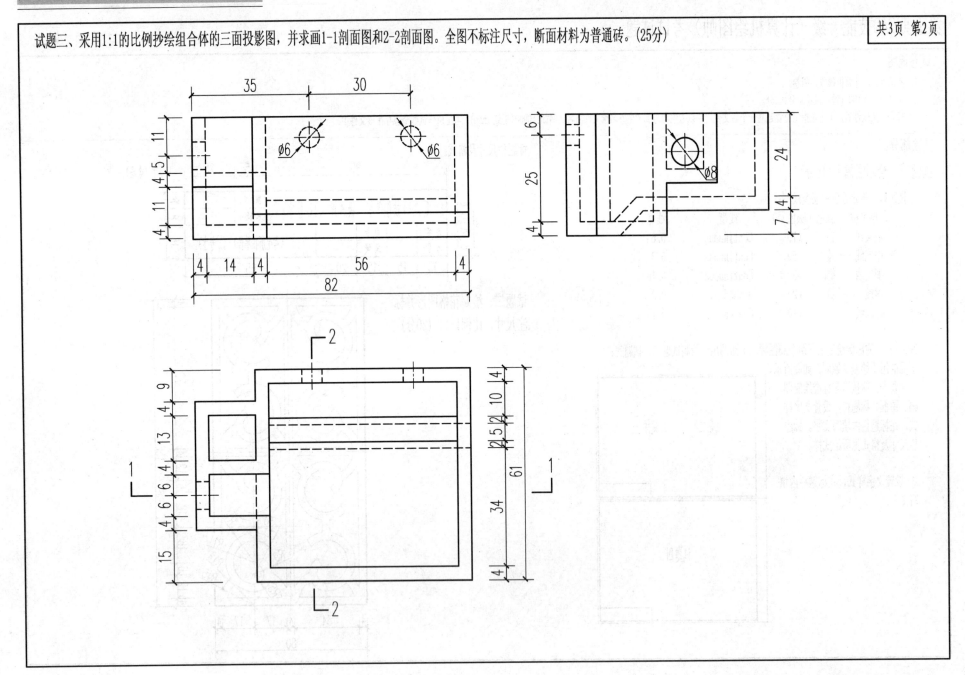

试题四、绘制建筑平面图(40分),要求：
1. 绘图比例1:200；外墙厚均为370，内墙厚均为240。
2. 标注所有尺寸、标高及文字。
3. 线型、字体、尺寸应符合国家建筑制图相关标准，不同图线应放在不同的图层上，尺寸放在单独的图层上。
4. 图中未标注部位尺寸自定。

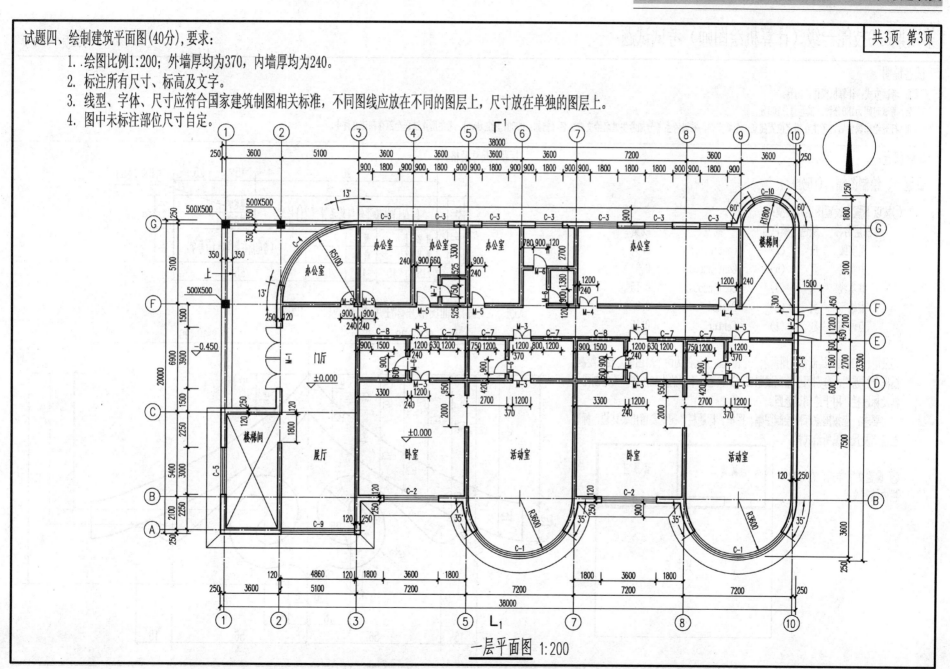

一层平面图 1:200

第六期CAD技能一级（计算机绘图师）考试试题

共3页 第1页

试卷说明

1. 考试方式：计算机操作，闭卷。
2. 考试时间为180分钟；试卷总分100分。
3. 打开绘图软件后，考生在指定位置建立一个新文件，并以考生考号加考生姓名给文件命名（例如：09001王红.dwg）。考生所作试题全部存在该文件中。

试题部分：

试题一、绘制图幅。(15分)

①按以下规定设置图层及线型：

图层名称	颜色（颜色号）	线型	线宽
粗实线	白 (7)	Continuous	0.6
中实线	蓝 (5)	Continuous	0.3
细实线	绿 (3)	Continuous	0.15
虚线	黄 (2)	Dashed	0.3
点画线	红 (1)	Center	0.15

②采用1:1的比例绘制如下图所示三个图幅。上面的为两个A4图幅，要求绘制图框及标题栏，分别用于绘制试题二、试题三；下面的为A2图幅，不绘制图框及标题栏，用于绘制试题四。

要求：应按国家标准绘制图幅、图框、标题栏，图框要留出装订边，标题栏格式及尺寸见所式样。

③设置文字样式，在标题栏内填写文字。

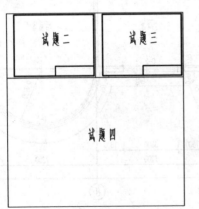

标题栏尺寸及格式：

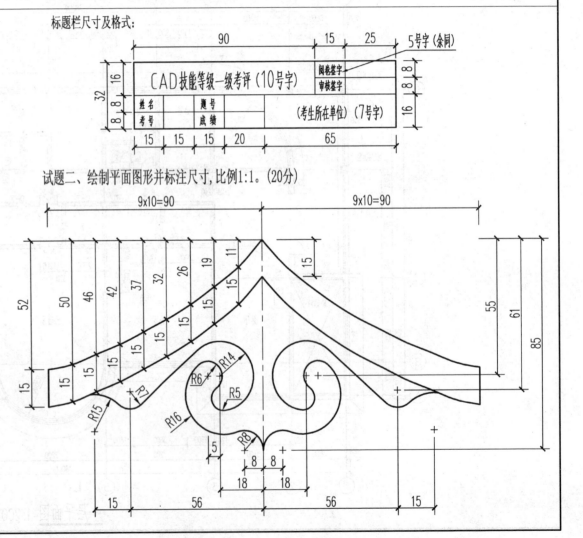

试题二、绘制平面图形并标注尺寸，比例1:1。(20分)

试题三、采用1:1的比例抄绘组合体的两面投影图,并在指定位置求画1-1、2-2剖面图。全图不标注尺寸,断面材料为普通砖。(25分)

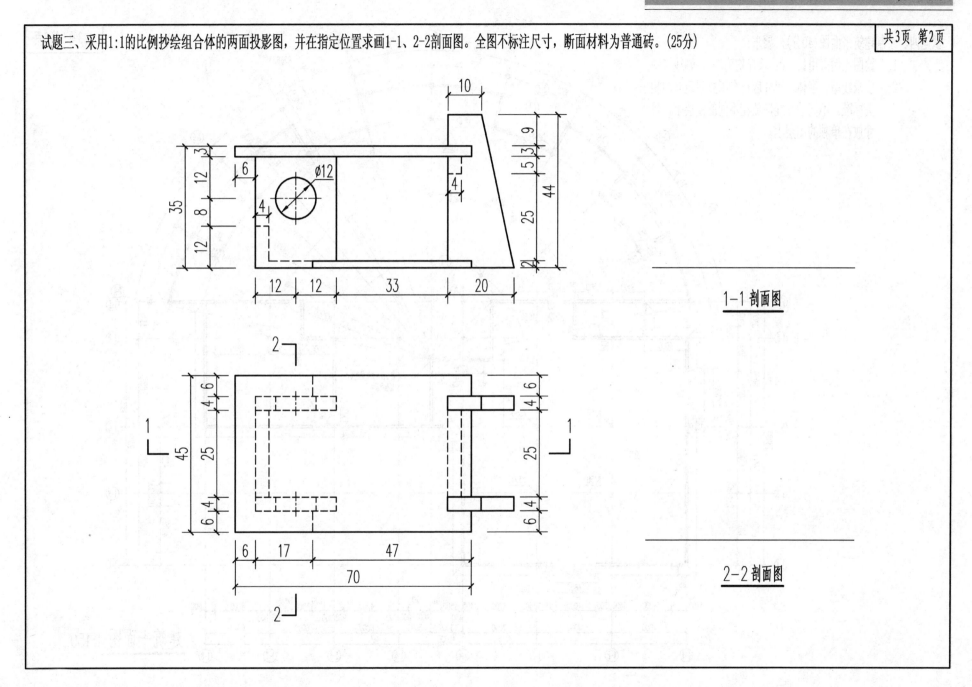

1-1 剖面图

2-2 剖面图

试题四、绘制建筑平面图(40分)，要求：
1. 绘图比例采用1:150；墙厚均为240，轴线居中。
2. 要求线型、字体、尺寸应符合国家建筑制图相关标准。不同的图线应放在不同的图层上，尺寸放在单独的图层上。

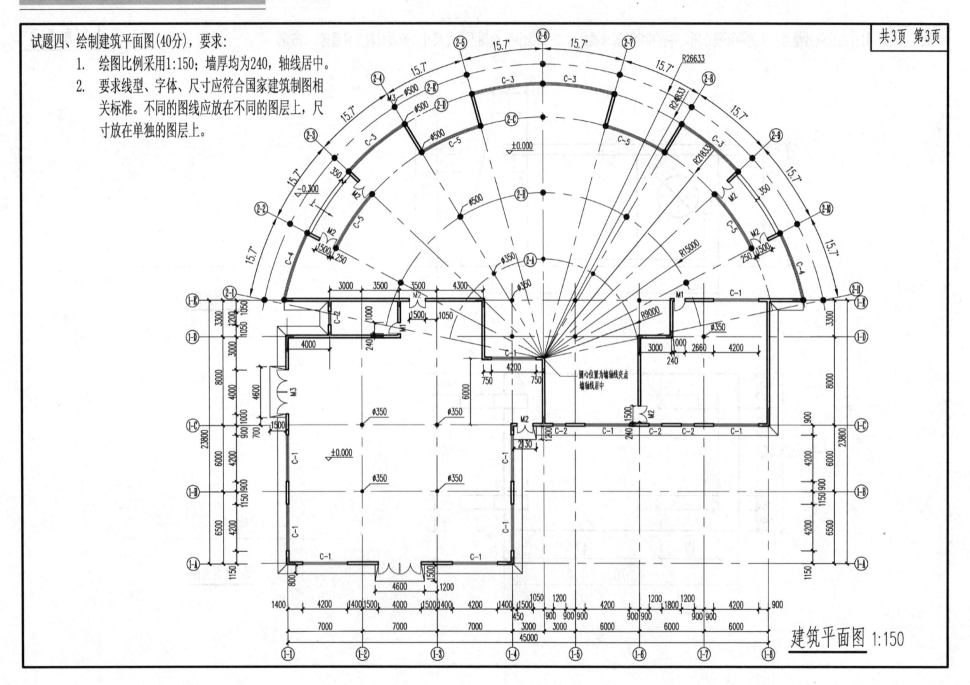

建筑平面图 1:150

第七期CAD技能一级（计算机绘图师）考试试题

试卷说明
1. 考试方式：计算机操作，闭卷。
2. 考试时间为180分钟；试卷总分100分。
3. 打开绘图软件后，考生在指定位置建立一个新文件，并以考生考号加考生姓名给文件命名（例如：09001王红.dwg）。考生所作试题全部存在该文件中。

试题部分：

试题一、绘制图幅。(15分)

① 按以下规定设置图层及线型：

图层名称	颜色（颜色号）	线型	线宽
粗实线	白（7）	Continuous	0.6
中实线	蓝（5）	Continuous	0.3
细实线	绿（3）	Continuous	0.15
虚线	黄（2）	Dashed	0.3
点画线	红（1）	Center	0.15

② 采用1:1的比例绘制下图所示三个图幅。左侧两个A4图幅，要求绘制图框及标题栏，分别用于绘制试题二、试题三；右侧A3图幅，不绘制图框及标题栏，用于绘制试题四。

要求：应按国家标准绘制图幅、图框、标题栏，图框要留出装订边，标题栏格式及尺寸见所给式样。

③ 设置文字样式，在标题栏内填写文字。

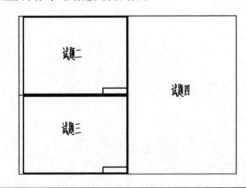

标题栏尺寸及格式：

试题二、绘制蹲便器平面详图并标注尺寸，比例1:5。(20分)

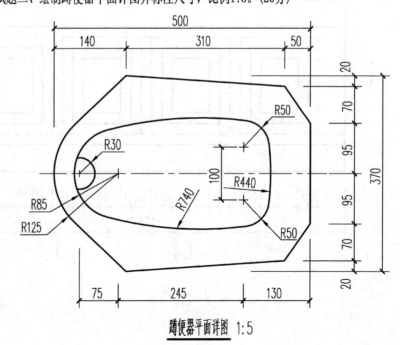

蹲便器平面详图 1:5

试题三、采用1:1的比例抄绘组合体的平面图，将正立面图和侧面图分别改绘成1-1、2-2剖面图，并在右下角空白处绘制3-3剖面图。全图不标注尺寸，断面材料为钢筋混凝土。(25分)

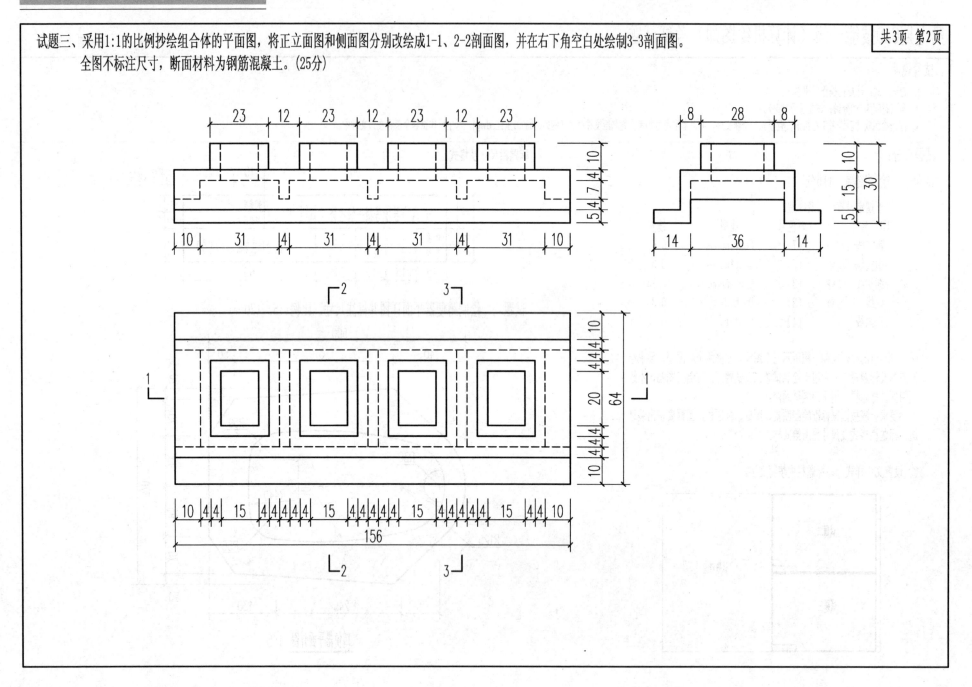

试题四、绘制建筑平面图(40分)，要求：

1. 绘图比例1:50；墙厚均为240，轴线居中。
2. 将试题二绘制的蹲便器插入到图中。插入位置要求：蹲便器后沿距墙300，左右居中。
3. 标注所有尺寸、标高及文字。图中未标注部位尺寸自定。
4. 线型、字体、尺寸应符合国家建筑制图相关标准，不同图线应放在不同的图层上，尺寸放在单独的图层上。

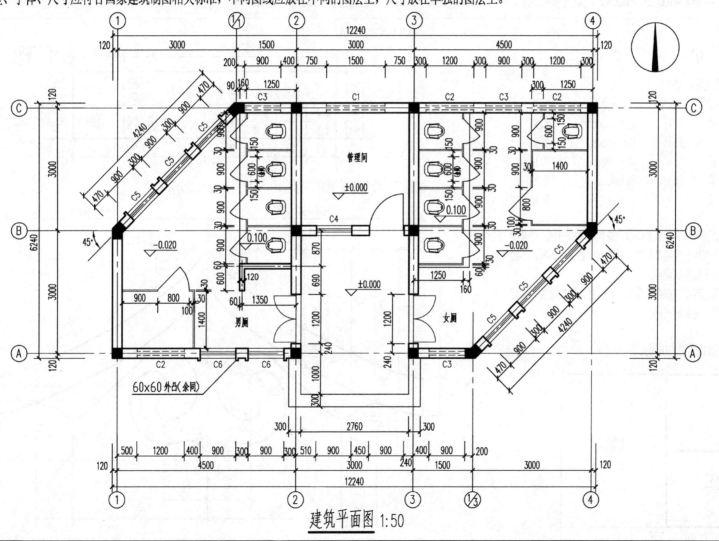

建筑平面图 1:50

第八期CAD技能一级（计算机绘图师）考试试题

共3页　第1页

试卷说明

1. 考试方式：计算机操作，闭卷。
2. 考试时间为180分钟；试卷总分100分。
3. 打开绘图软件后，考生在指定位置建立一个新文件，并以考生考号加考生姓名给文件命名（例如：09001王红.dwg）。考生所作试题全部存在该文件中。

试题部分：

试题一、绘制图幅。(15分)

① 按以下规定设置图层及线型：

图层名称	颜色	（颜色号）	线型	线宽
粗实线	白	(7)	Continuous	0.6
中实线	蓝	(5)	Continuous	0.3
细实线	绿	(3)	Continuous	0.15
虚线	黄	(2)	Dashed	0.3
点画线	红	(1)	Center	0.15

② 采用1:1的比例绘制下图所示三个图幅。左侧两个A4图幅，要求绘制图框及标题栏，分别用于绘制试题二、试题三；右侧A3图幅，不绘制图框及标题栏，用于绘制试题四。

要求：应按国家标准绘制图幅、图框、标题栏，图框要留出装订边，标题栏格式及尺寸见所给式样。

③ 设置文字样式，在标题栏内填写文字。

标题栏尺寸及格式：

试题二、绘制平面图形并标注尺寸，比例1:1。(20分)

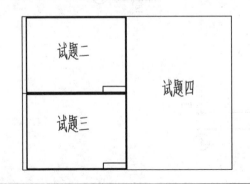

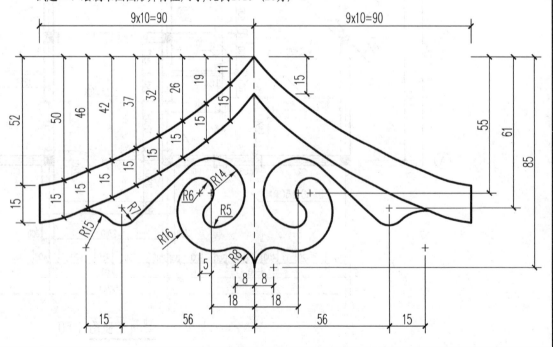

试题三、采用1:1的比例抄绘组合体的三面投影图,并求画1-1剖面图和2-2剖面图。全图不标注尺寸,断面材料为普通砖。(25分)

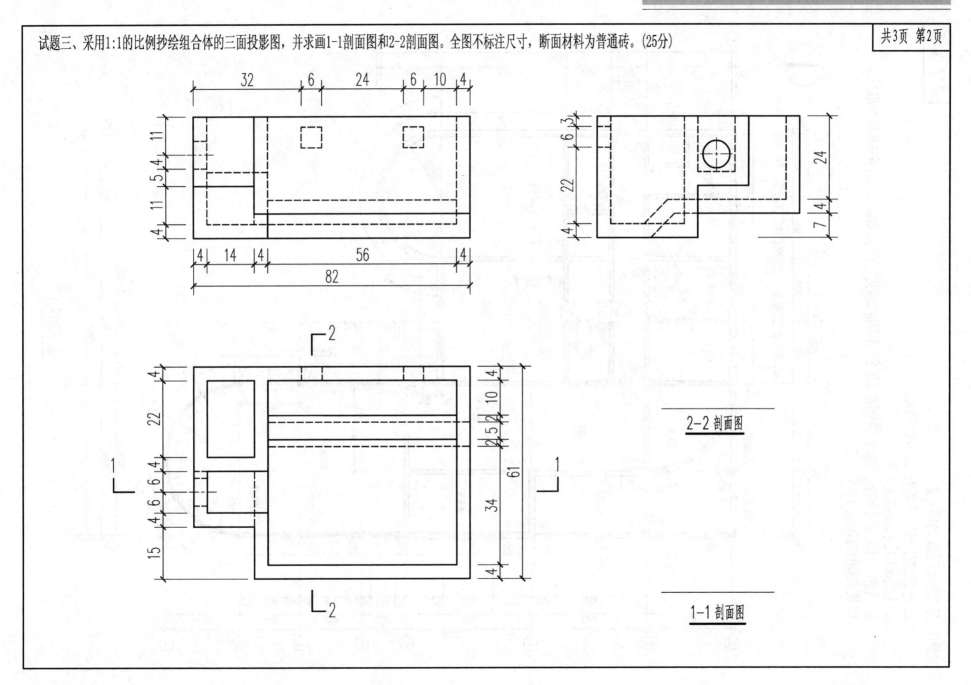

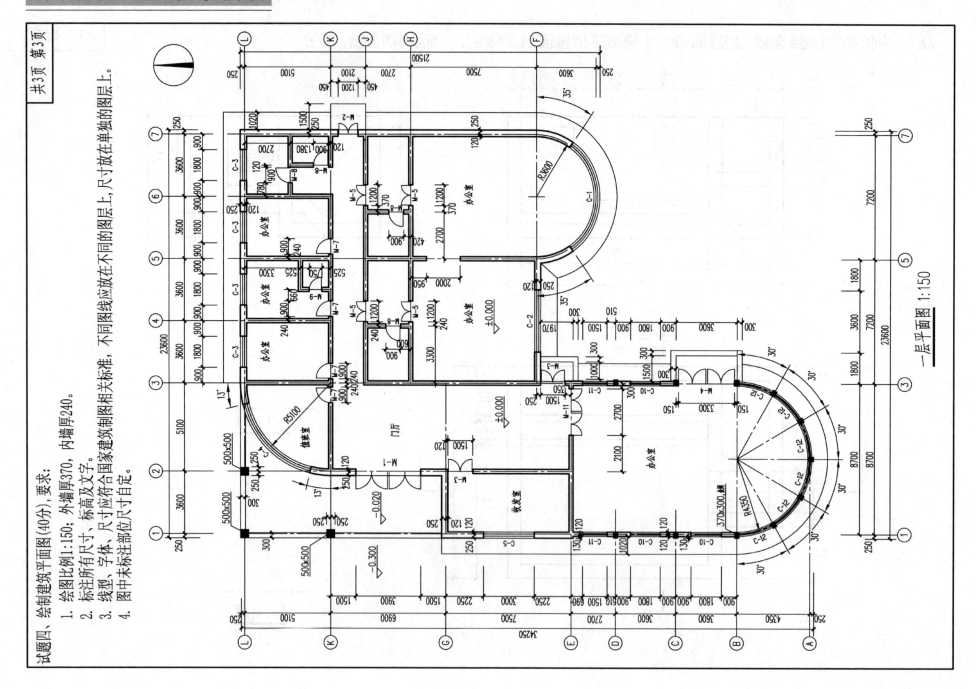

第九期CAD技能一级（计算机绘图师）考试试题

试卷说明

1. 考试方式：计算机操作，闭卷。
2. 考试时间为180分钟；试卷总分100分。
3. 打开绘图软件后，考生在指定位置建立一个新文件，并以考生考号加考生姓名给文件命名（例如：09001王红.dwg）。考生所作试题全部存在该文件中。

试题部分：

试题一、绘制图幅。（15分）

① 按以下规定设置图层及线型：

图层名称	颜色（颜色号）	线型	线宽
粗实线	白 （7）	Continuous	0.6
中实线	蓝 （5）	Continuous	0.3
细实线	绿 （3）	Continuous	0.15
虚线	黄 （2）	Dashed	0.3
点画线	红 （1）	Center	0.15

② 采用1:1的比例绘制下图所示三个图幅。左侧两个A4图幅，要求绘制图框及标题栏，分别用于绘制试题二、试题三；右侧A3图幅，不绘制图框及标题栏，用于绘制试题四。

要求：应按国家标准绘制图幅、图框、标题栏，图框要留出装订边，标题栏格式及尺寸见所给式样。

③ 设置文字样式，在标题栏内填写文字。

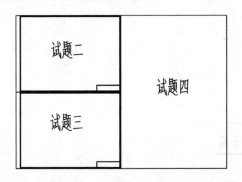

标题栏尺寸及格式：

试题二、绘制平面图形并标注尺寸，比例1:1。（20分）

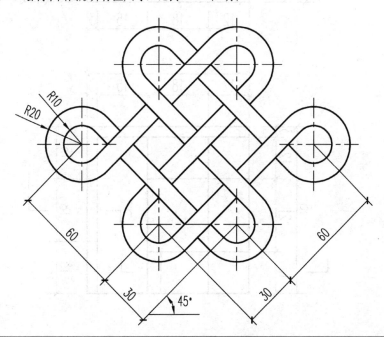

试题三、采用1:1的比例抄绘组合体的三面投影图，并求画1-1剖面图。全图不标注尺寸,断面材料为普通砖。(25分)

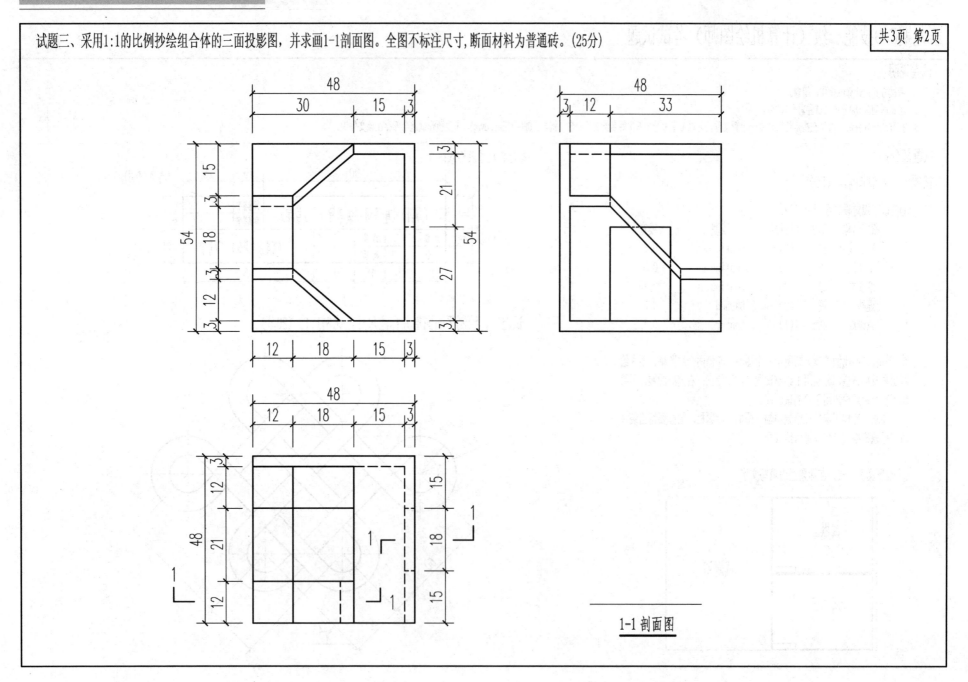

1-1 剖面图

试题四、绘制建筑平面图(40分)，要求：

1. 绘图比例1:100；墙厚包括240和120两种，轴线居中。
2. 标注所有尺寸、标高及文字。
3. 线型、字体、尺寸应符合国家建筑制图相关标准，不同图线应放在不同的图层上，尺寸放在单独的图层上。
4. 图中未标注部位尺寸自定。

一层平面图 1:100

第十期CAD技能一级（计算机绘图师）考试试题

共3页　第1页

试卷说明

1. 考试方式：计算机操作，闭卷。
2. 考试时间为180分钟；试卷总分100分。
3. 打开绘图软件后，考生在指定位置建立一个新文件，并以考生考号加考生姓名给文件命名（例如：09001王红.dwg）。考生所作试题全部存在该文件中。

试题部分：

试题一、绘制图幅。（15分）

①按以下规定设置图层及线型：

图层名称	颜色	（颜色号）	线型	线宽
粗实线	白	（7）	Continuous	0.6
中实线	蓝	（5）	Continuous	0.3
细实线	绿	（3）	Continuous	0.15
虚线	黄	（2）	Dashed	0.3
点画线	红	（1）	Center	0.15

② 采用1:1的比例绘制下图所示的A2图幅，并绘制图框及标题栏。分别在指定的区域绘制试题二、试题三、试题四，各题之间绘制分界线（分界线位置自定）。

要求：应按国家标准绘制图幅、图框、标题栏，图框要留出装订边，标题栏格式及尺寸见所给式样。

③ 设置文字样式，在标题栏内填写文字。

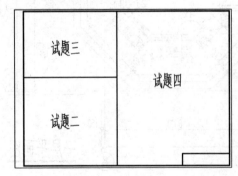

标题栏尺寸及格式：

试题二、绘制平面图形并标注尺寸，比例1:1。（25分）

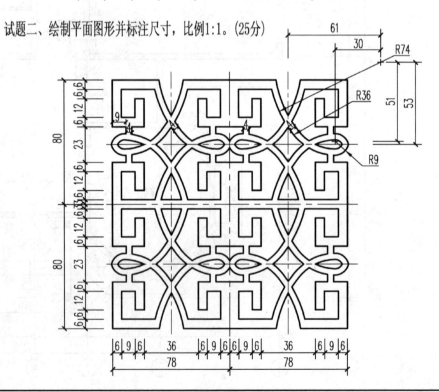

试题三、采用1:1的比例抄绘楼梯平台梁的两面投影图，并求画其水平投影图及1-1、2-2、3-3断面图。全图不标注尺寸，断面材料为钢筋混凝土。(20分)

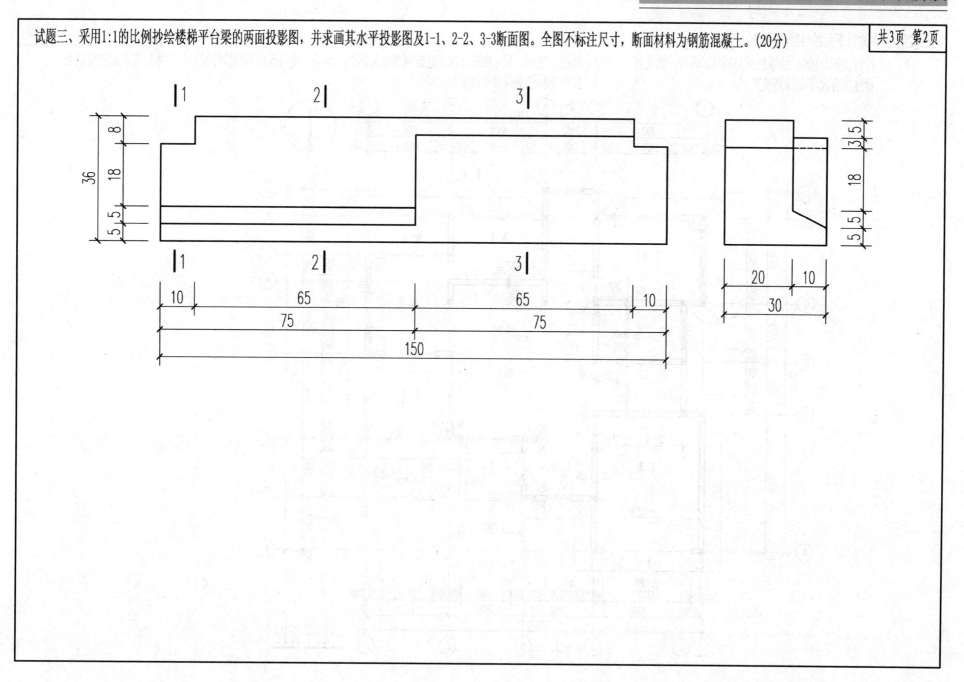

试题四、绘制建筑平面图(40分),要求:

1. 绘图比例1:100；墙厚包括240和120两种,轴线居中。
2. 标注所有尺寸、标高及文字。
3. 线型、字体、尺寸应符合国家建筑制图相关标准,不同图线应放在不同的图层上,尺寸放在单独的图层上。
4. 图中未标注部位尺寸自定。

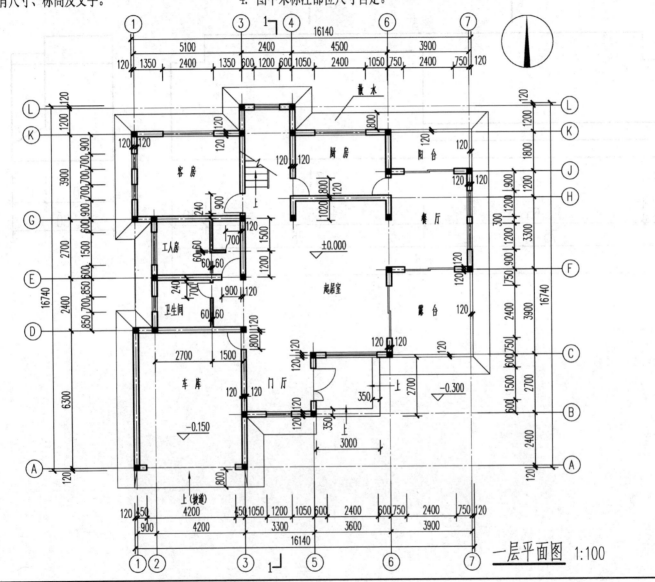

一层平面图 1:100

第十一期CAD技能一级（计算机绘图师）考试试题

共3页　第1页

试卷说明

1. 考试方式：计算机操作，闭卷。
2. 考试时间为180分钟；试卷总分100分。
3. 打开绘图软件后，考生在指定位置建立一个新文件，并以考生考号加考生姓名给文件命名（例如：09001王红.dwg）。考生所作试题全部存在该文件中。

试题部分：

试题一、绘制图幅。(15分)

① 按以下规定设置图层及线型：

图层名称	颜色（颜色号）	线型	线宽
粗线	白 (7)	Continuous	0.6
中粗线	品红 (6)	Continuous	0.4
中线	蓝 (5)	Continuous	0.3
细线	绿 (3)	Continuous	0.15
虚线	黄 (2)	Dashed	0.3
点画线	红 (1)	Center	0.15

② 采用1:1的比例绘制如图所示上下两个A2图幅，并在指定位置绘制试题。

要求：应按国家标准绘制图幅、图框、标题栏，图框要留出装订边，标题栏格式及尺寸见所给式样。

③ 设置文字样式，在标题栏内填写文字。标题栏尺寸及格式见所给式样。

标题栏尺寸及格式：

试题二、根据所给局部详图，绘制建筑门扇立面图，并标注尺寸，比例1:1。(25分)

线型要求：门扇轮廓线为中粗线；
门扇内框线为中线；
其余细线。

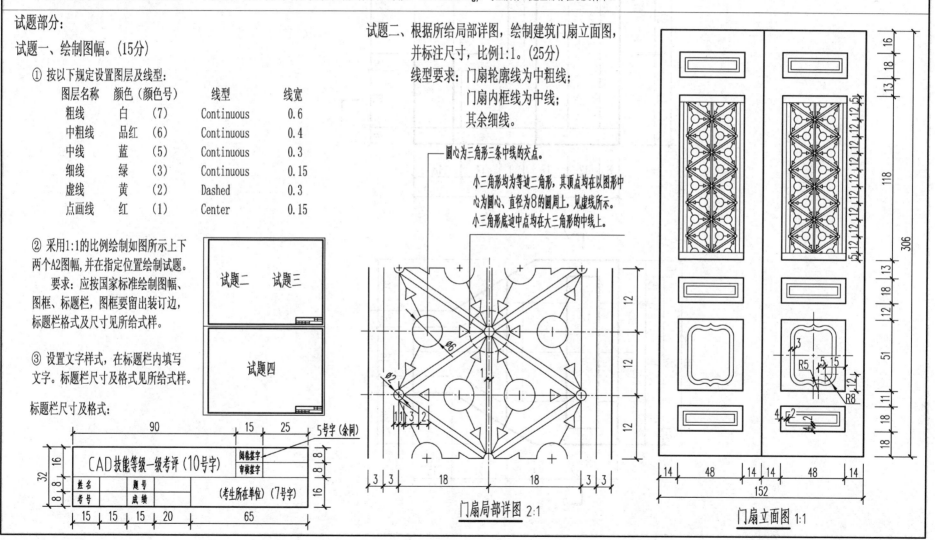

门扇局部详图 2:1

门扇立面图 1:1

试题三、采用1:1的比例抄绘组合体的两面投影图,并求画其1-1、2-2剖面图。全图不标注尺寸,断面材料为普通砖。(20分)

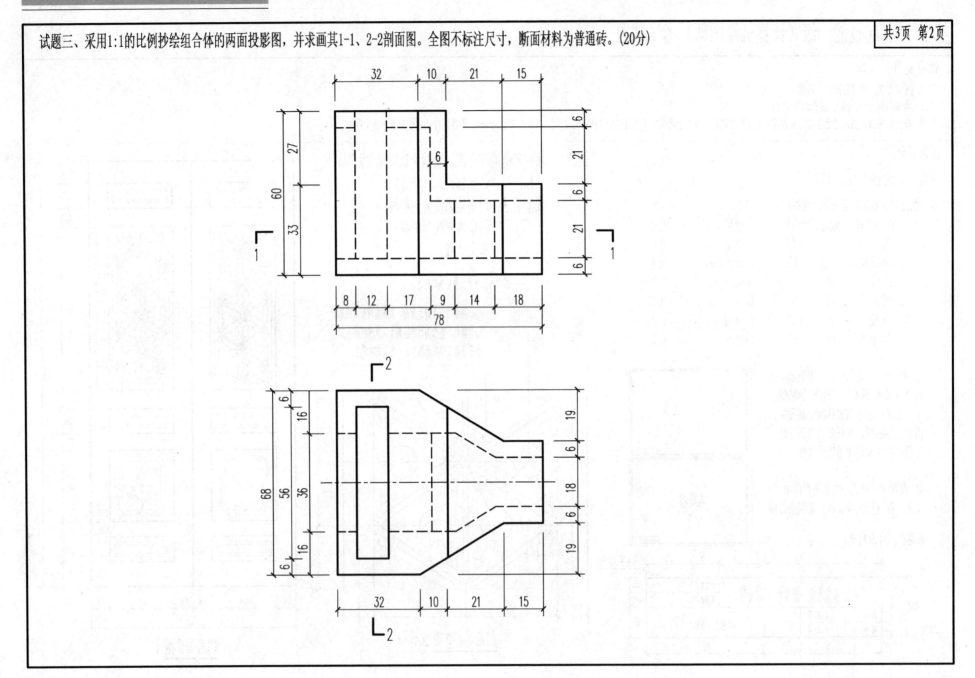

试题四、绘制建筑平面图(40分)，要求：

1. 绘图比例1:100；墙厚均为200，轴线居中。
2. 标注所有尺寸、标高及文字。
3. 线型、字体、尺寸应符合国家建筑制图相关标准，不同图线应放在不同图层上，尺寸放在单独的图层上。
4. 图中未标注部位尺寸自定。

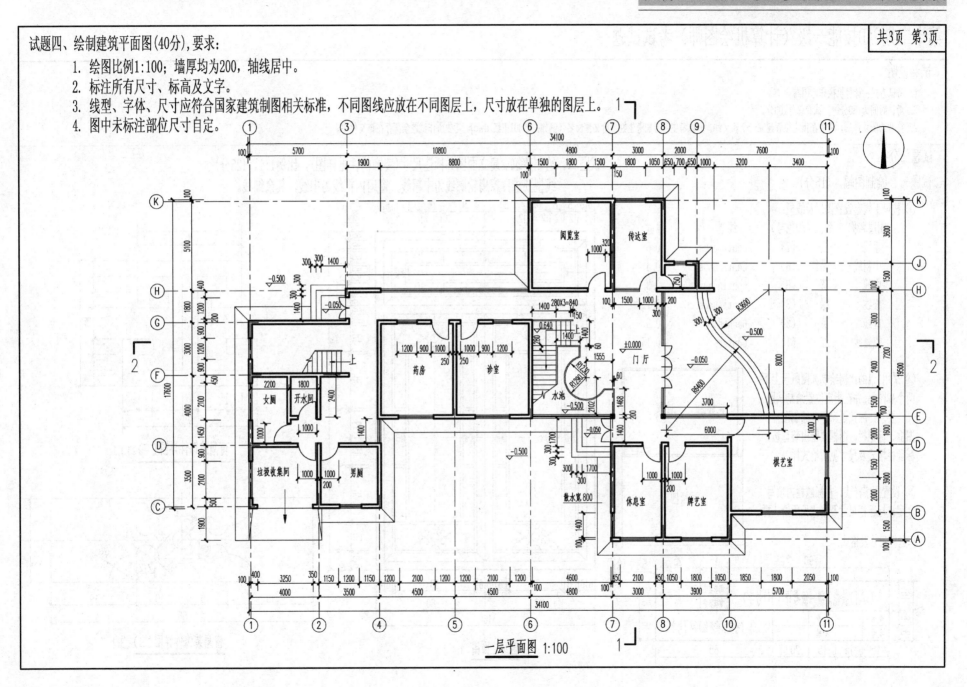

一层平面图 1:100

第十二期CAD技能一级（计算机绘图师）考试试题

共3页 第1页

试卷说明

1. 考试方式：计算机操作，闭卷。
2. 考试时间为180分钟；试卷总分100分。
3. 打开绘图软件后，考生在指定位置建立一个新文件，并以考生考号加考生姓名给文件命名（例如：09001王红.dwg）。考生所作试题全部存在该文件中。

试题部分：

试题一、绘制图幅。(15分)

① 按以下规定设置图层及线型：

图层名称	颜色（颜色号）	线型	线宽
粗线	白 （7）	Continuous	0.6
中粗线	品红 （6）	Continuous	0.4
中线	蓝 （5）	Continuous	0.3
细线	绿 （3）	Continuous	0.15
虚线	黄 （2）	Dashed	0.3
点画线	红 （1）	Center	0.15

② 采用1:1的比例绘制如图所示上下两个A2图幅，并在指定位置绘制试题。

要求：应按国家标准绘制图幅、图框、标题栏，图框要留出装订边，标题栏格式及尺寸见所给式样。

③ 设置文字样式，在标题栏内填写文字。标题栏尺寸及格式见所给式样。

标题栏尺寸及格式：

试题二、绘制建筑窗扇立面图并标注尺寸(装饰构件见详图)，比例1:1。(25分)

线型要求：窗扇轮廓线为中粗线，窗扇内框线为中线，其余细线。

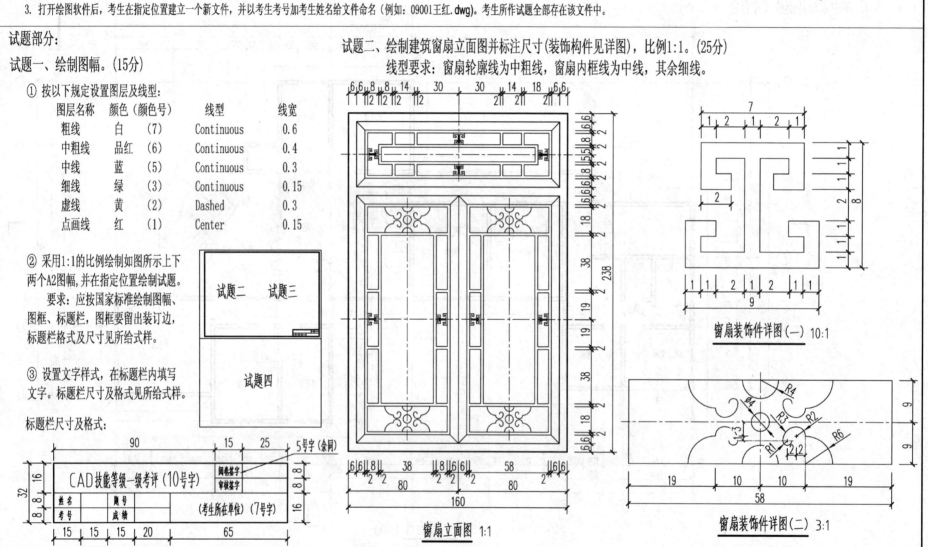

试题三、采用1:1比例抄绘组合体的三面投影图,并在指定位置求画其1-1、2-2剖面图。全图不标注尺寸,断面部分材料为普通砖。(20分)

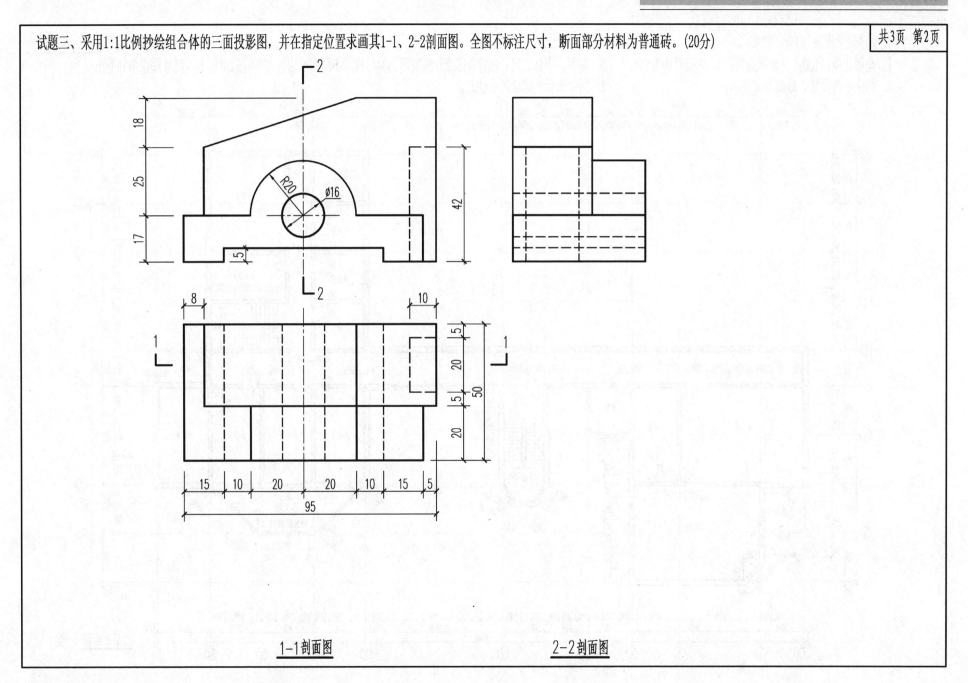

1-1剖面图   2-2剖面图

试题四、绘制建筑平面图(40分)，要求：

1. 绘图比例1:100；外墙厚均为370，内墙厚均为240。
2. 标注所有尺寸、标高及文字。
3. 线型、字体、尺寸应符合国家建筑制图相关标准，不同图线应放在不同的图层上，尺寸放在单独的图层上。
4. 图中未标注部位尺寸自定。

共3页 第3页

二层平面图 1:100

第一期 CAD技能二级（三维几何建模师）考试试题

考试要求：新建文件夹（以考生考号+姓名命名），用于存放本次考试中生成的全部文件。（考试时间180分钟）

一、根据给定的尺寸生成围墙模型，结果以"花墙.dwg"为文件名保存到考生文件夹中。（15分）

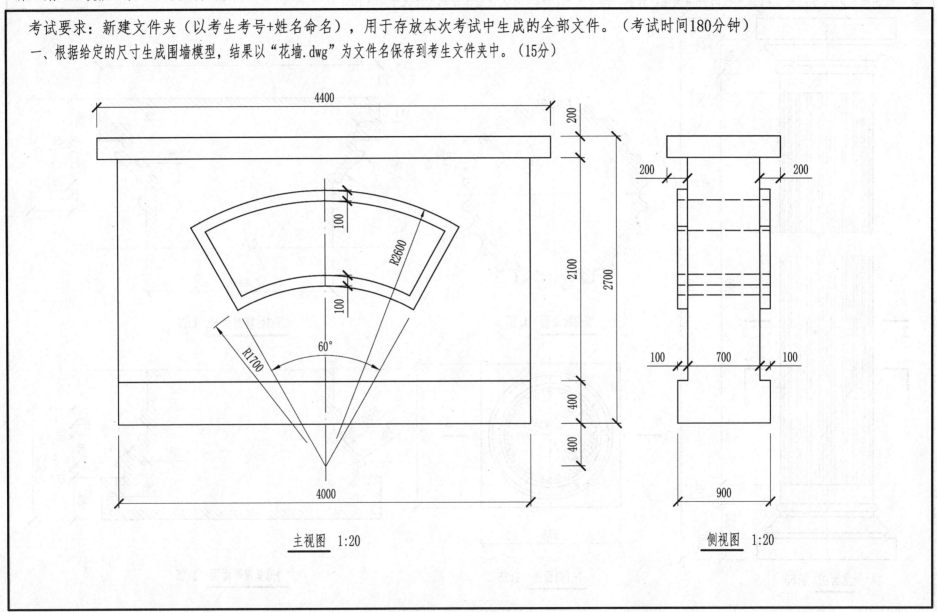

主视图 1:20　　　　　侧视图 1:20

二、根据给定的尺寸，建立陶立克柱的实体模型，并以"陶立克柱.dwg"为文件名保存到文件夹中。（10分）

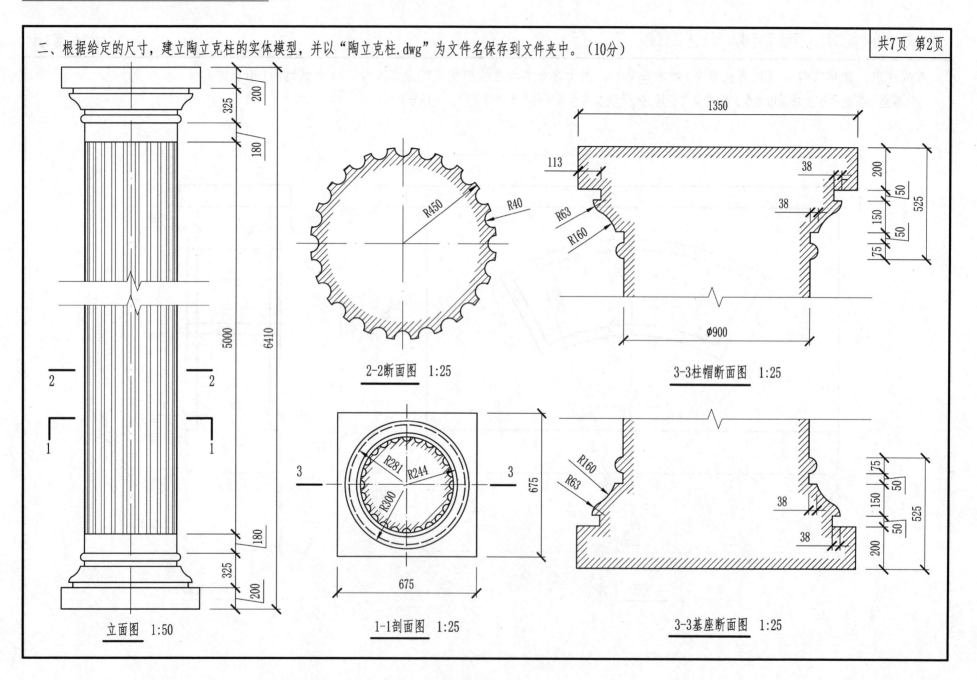

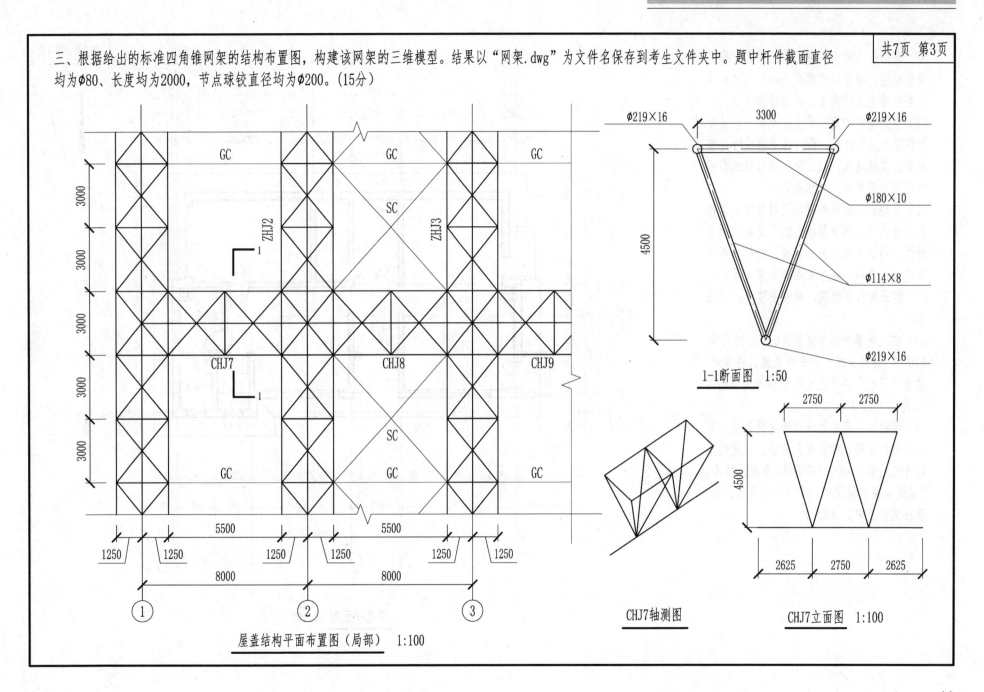

四、根据给出的建筑施工图，按要求构建房屋模型，结果以"建筑.dwg"为文件名保存在考生文件夹下，并进行渲染。

(1) 将该建筑的东、北立面及檐口按给定图样建立立体模型，西、南立面按给定墙厚建成实体墙体，门、窗、阳台样式参考立面图自定尺寸。（40分）

(2) 采用软件提供的材质及材质编辑器按要求为已建好的房屋模型的不同部位附着材质，檐口采用红色彩钢板，墙体采用浅灰色墙面瓷砖，散水采用深灰色大理石，门、窗采用白色塑钢，并镶嵌玻璃。（10分）

(3) 在此场景中添加强度为0.75，方位角120°，仰角为35°的平行光源，将其命名为"日光"并使之投射阴影为光线跟踪方式。（5分）

(4) 请将东、南立面进行透视投影后，对视口进行渲染，设置蓝色背景，以光线跟踪方式渲染成640×480的BMP图像，结果以"建筑东南立面渲染.BMP"为文件名，保存在文件夹中。（5分）

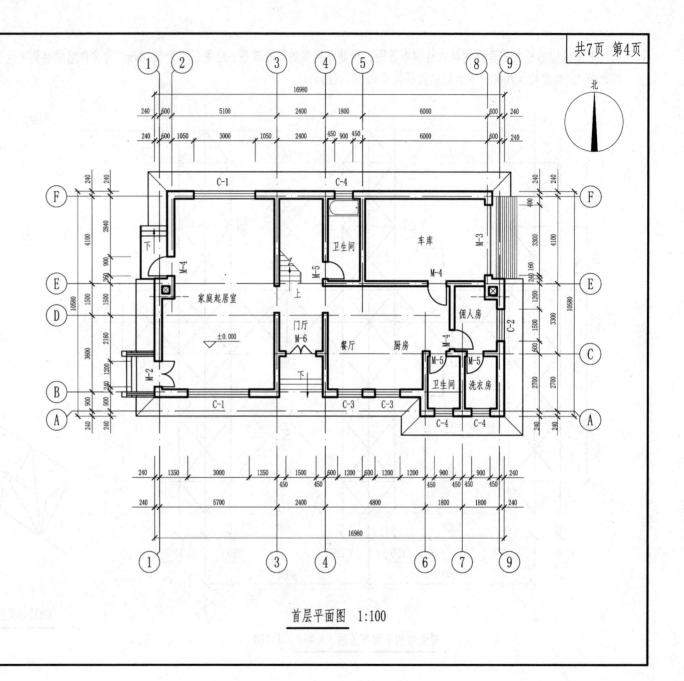

首层平面图 1:100

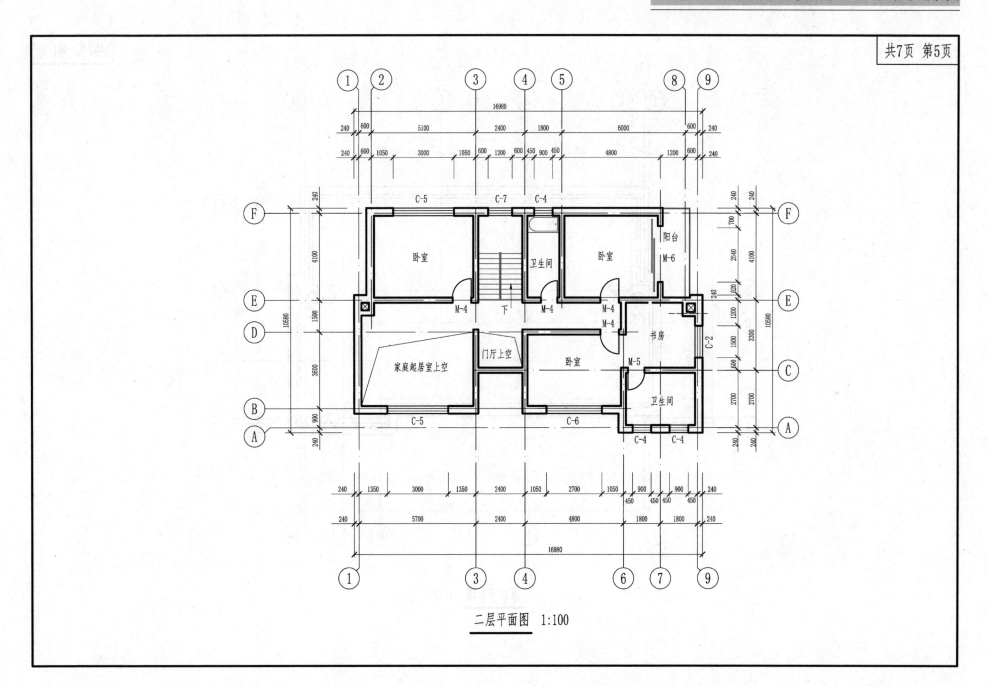

二层平面图 1:100

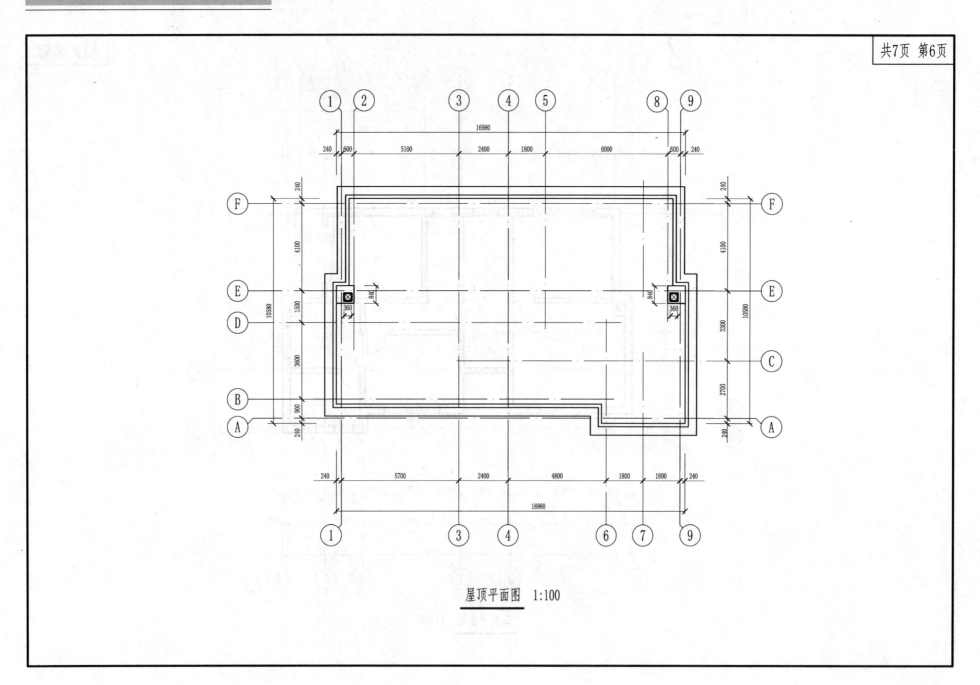

屋顶平面图 1:100

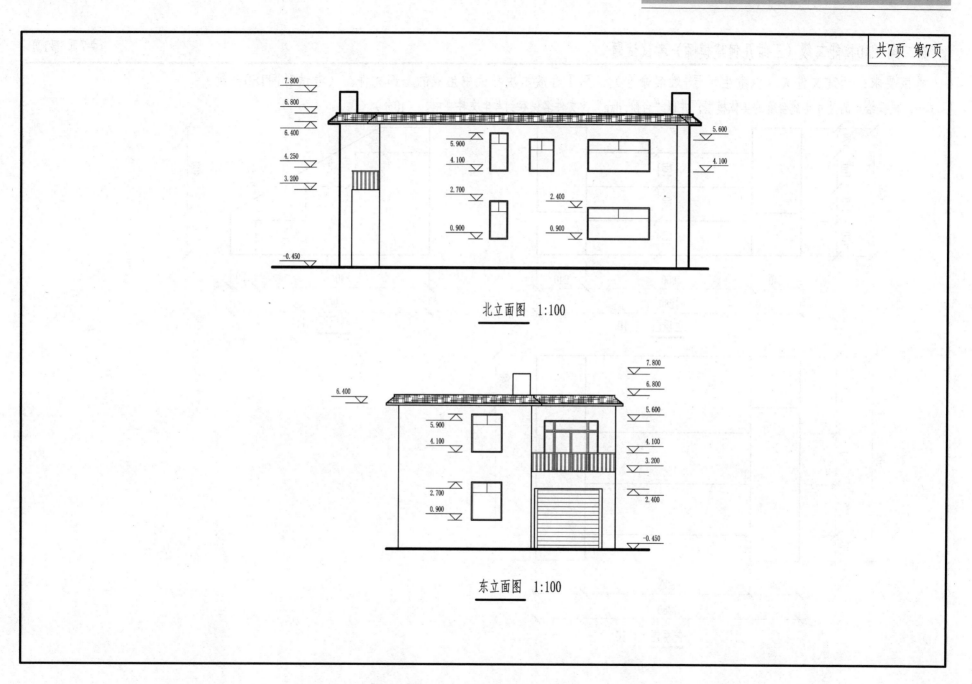

第二期 CAD技能二级（三维几何建模师）考试试题

考试要求：新建文件夹（以考生考号+姓名命名），用于存放本次考试中生成的全部文件。（考试时间180分钟）

一、根据给定的尺寸生成台阶的实体模型，并以"台阶.dwg"为文件名保存到考生文件夹中。（10分）

主视图 1:10

侧视图 1:10

俯视图 1:10

二、根据给定的尺寸生成护栏的实体模型，并以"护栏.dwg"为文件名保存到考生文件夹中。（15分）

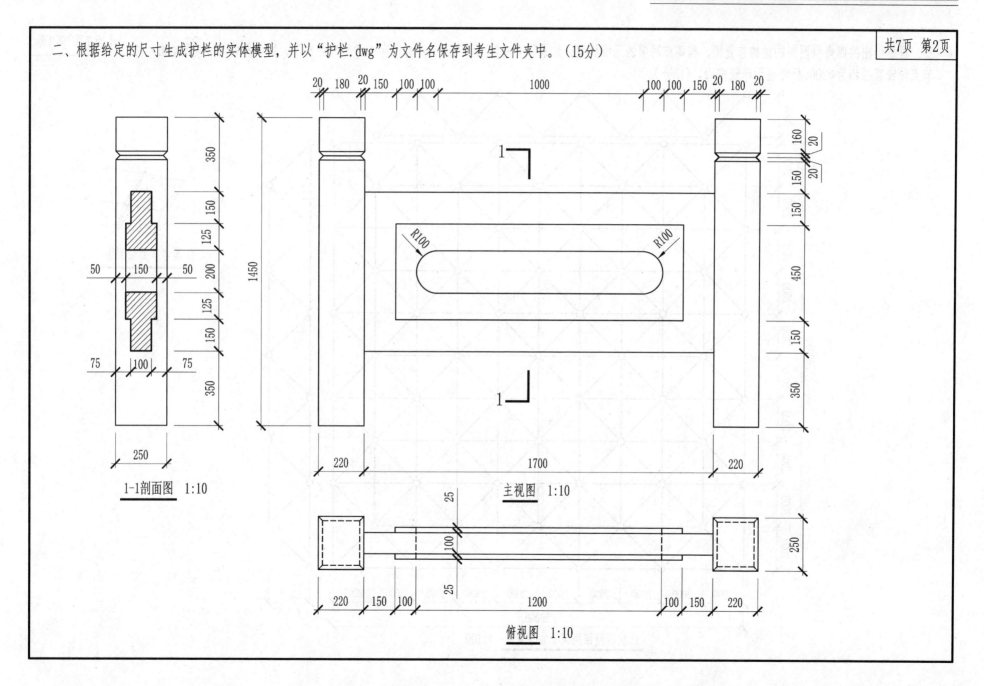

1-1剖面图 1:10
主视图 1:10
俯视图 1:10

三、根据给出的四角锥网架的结构布置图，构建该网架的三维模型，结果以"网架.dwg"为文件名保存在考生文件夹下。题中杆件尺寸均为 φ80×10，节点球铰直径均为 φ200，杆件连于球铰中心。(15分)

正放四角锥网架平面布置图　1:100

基本单元轴测图

球铰φ200
φ80

四、根据给出的建筑施工图,按要求构建房屋模型,结果以"建筑.dwg"为文件名保存在考生文件夹下,并对模型进行渲染。

(1) 已知建筑的内、外墙厚均为240,将该建筑的东、北立面及檐口按给定图样建立立体模型,西、南侧立面按给定墙厚建立实体墙体,门、窗、阳台样式参考立面图自定尺寸。(40分)

(2) 采用软件提供的材质及材质编辑器按要求为已建好的房屋模型的不同部位附着材质,墙体采用灰色墙面瓷砖,门、窗采用白色塑钢,并对窗镶嵌玻璃。(10分)

(3) 在此场景中添加强度为0.80,方向角45°,仰角为45°的平行光源,将其命名为"平行光"并使之投射阴影为光线跟踪方式。(5分)

(4) 将东、北立面进行透视投影后,对视口进行渲染,设置蓝色背景,以光线跟踪方式将东、北立面渲染成640×480的BMP图像,结果以"建筑渲染.BMP"为文件名,保存在文件夹中。(5分)

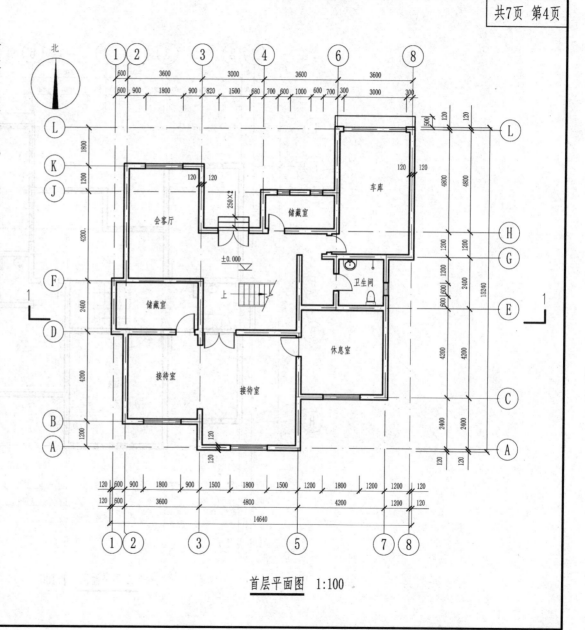

首层平面图 1:100

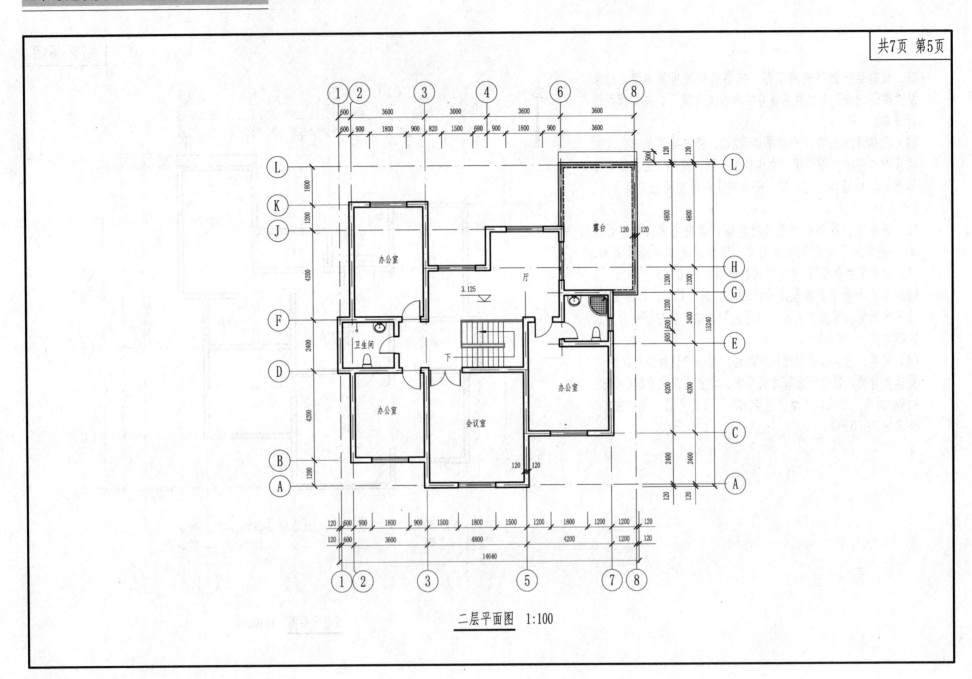

二层平面图 1:100

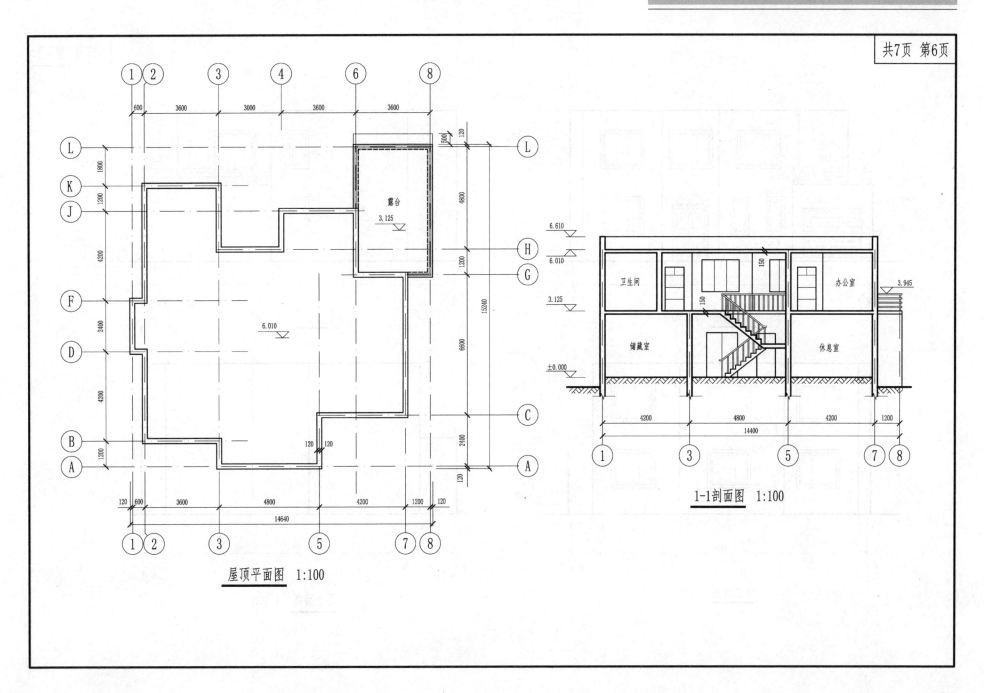

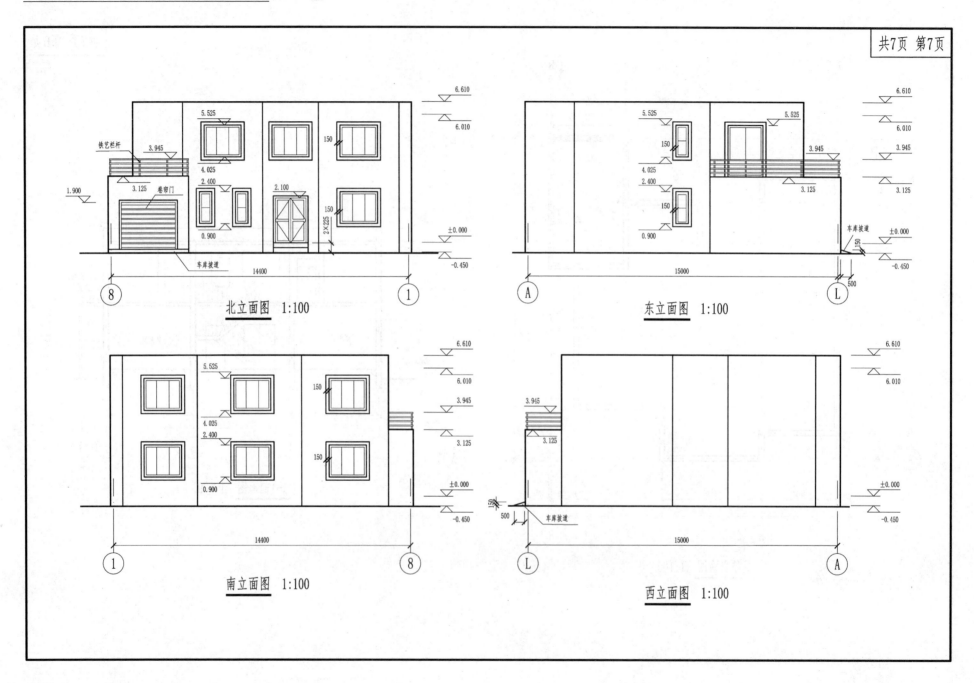

第三期 CAD技能二级（三维几何建模师）考试试题

考试要求：新建文件夹（以考生考号+姓名命名），用于存放本次考试中生成的全部文件。（考试时间180分钟）

一、根据给定的投影尺寸建立杯口基础的实体模型，并以"基础.dwg"为文件名保存到考生文件夹中。（10分）

二、根据给定的正投影和尺寸建立正六边形门洞的实体模型，并以"正六边形门洞.dwg"为文件名保存到考生文件夹中。（15分）

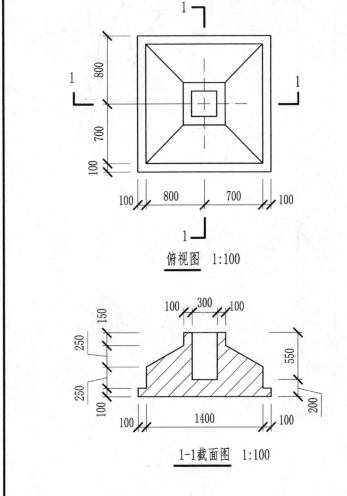

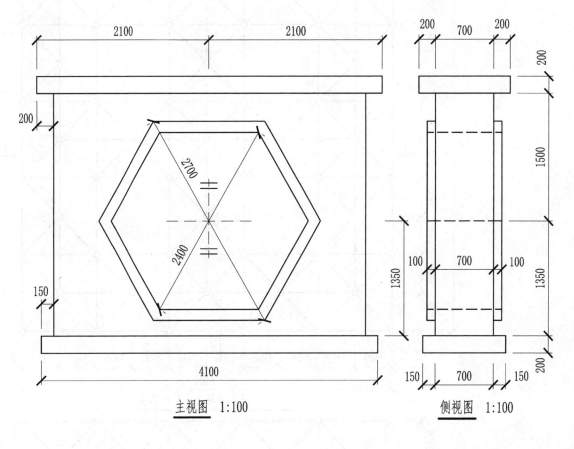

三、根据给出的标准四角锥网架的结构布置图，构建该网架的三维模型。结果以"网架.dwg"为文件名保存到考生文件夹中。题中杆件尺寸均为φ80、长度均为2000，节点球铰直径均为φ200。(15分)

正放抽空四角锥网架平面布置图 1:100

2-2断面图 1:100

1-1断面图 1:100

基本单元轴测图

四、根据给出的建筑施工图，按要求构建房屋模型，结果以"建筑.dwg"为文件名保存在考生文件夹下，并对模型进行渲染。

(1) 已知建筑的内、外墙厚均为240，将该建筑的东、南立面及檐口按给定图样建立立体模型，西、北侧立面按给定墙厚建立实体墙体，门、窗、阳台样式参考立面图自定尺寸。(40分)

(2) 采用软件提供的材质及材质编辑器按要求为已建好的房屋模型的不同部位附着材质，外墙体采用红色墙面瓷砖，阳台护栏采用不锈钢栏杆，门、窗采用白色塑钢，并且窗镶嵌玻璃。要求纹理与对应面积相匹配。(10分)

(3) 在此场景中添加强度为0.75，方向角120°，仰角为35°的平行光源，将其命名为"平行光"并使之投影为光线跟踪方式。(5分)

(4) 将东、南立面进行透视投影后。对视口进行渲染，设置蓝色背景，以光线跟踪方式将东、南立面渲染成640×480的BMP图像，结果以"建筑渲染.BMP"为文件名，保存在文件夹中。(5分)

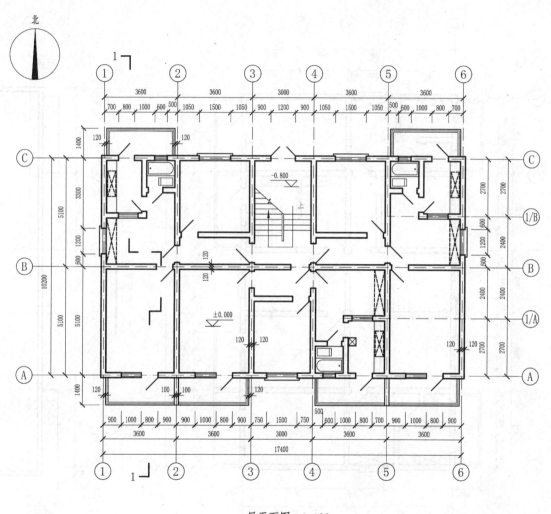

一层平面图　1:100

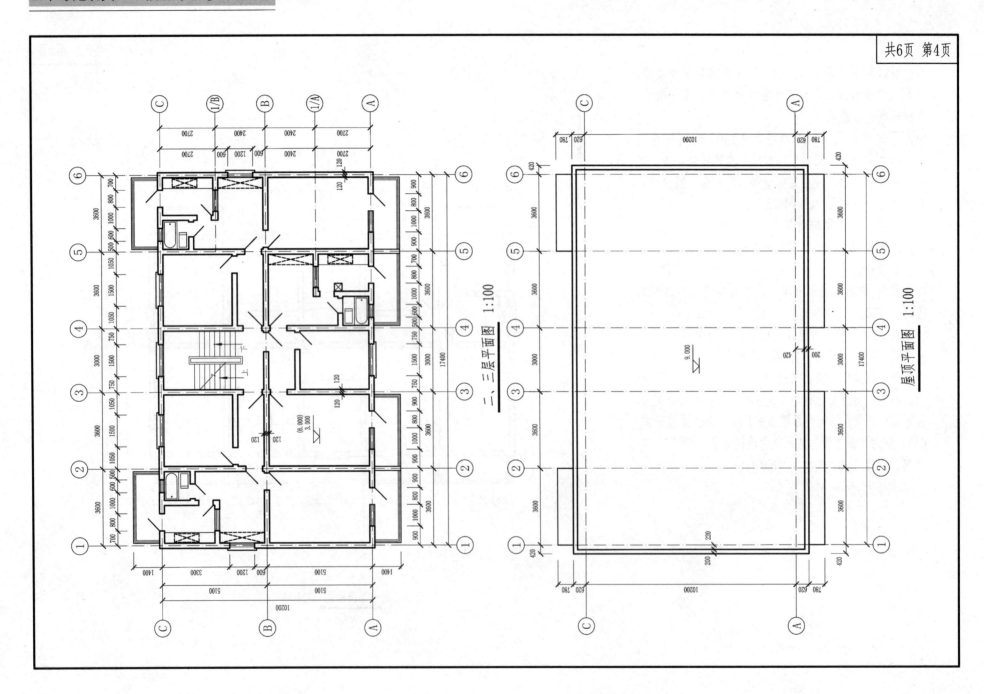

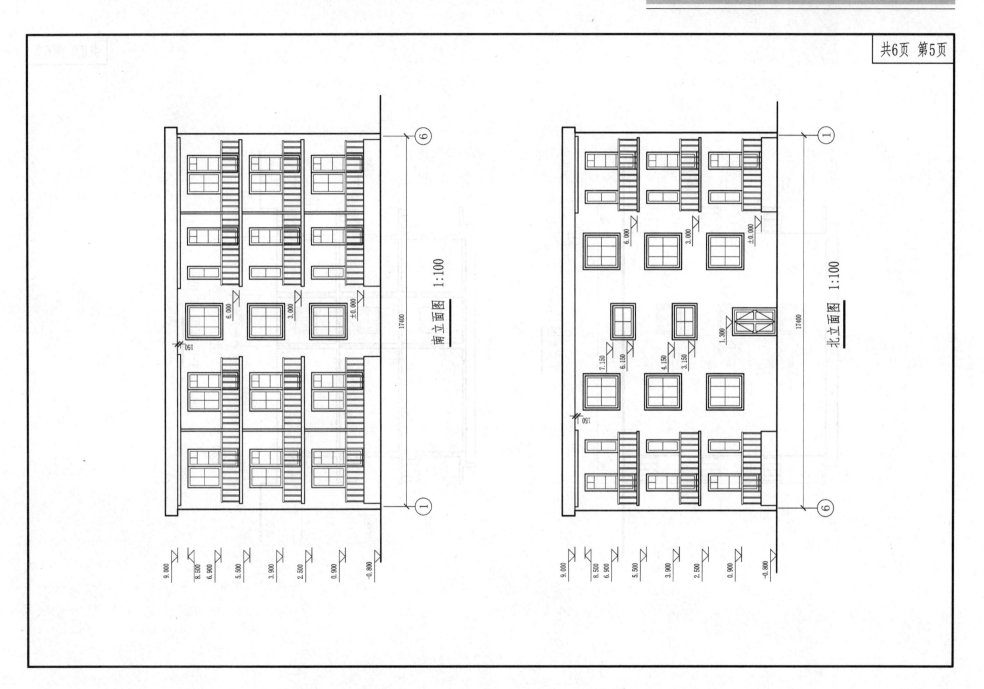

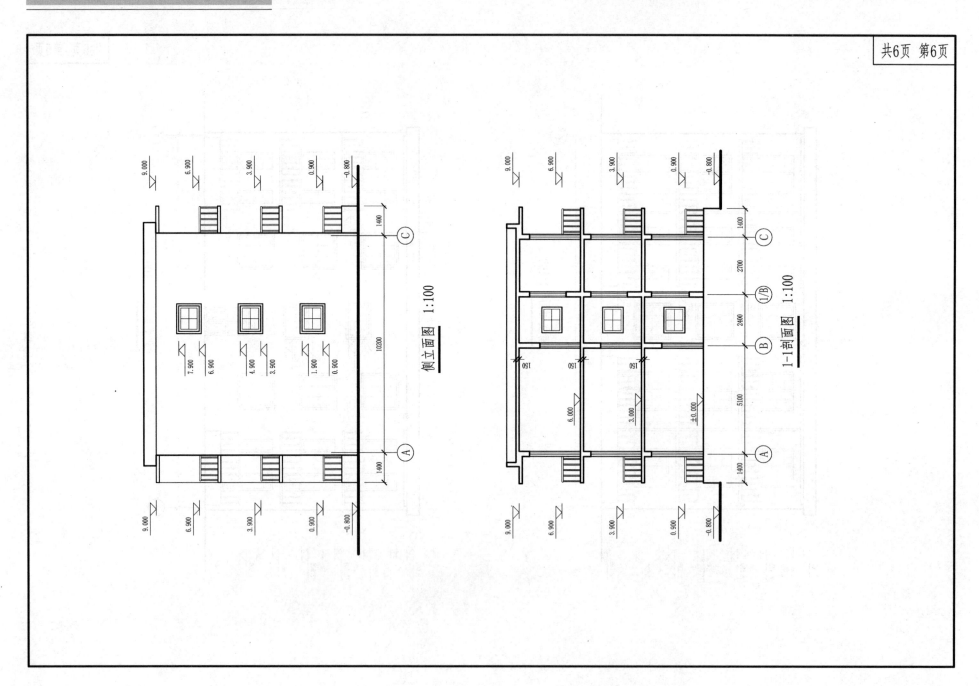

第四期 CAD技能二级（三维几何建模师）考试试题

共8页 第1页

考试要求：新建文件夹（以考生考号+姓名命名），用于存放本次考试中生成的全部文件。（考试时间180分钟）

一、根据给定的投影尺寸建立台阶的实体模型，并以"台阶.dwg"为文件名保存到考生文件夹中。（10分）

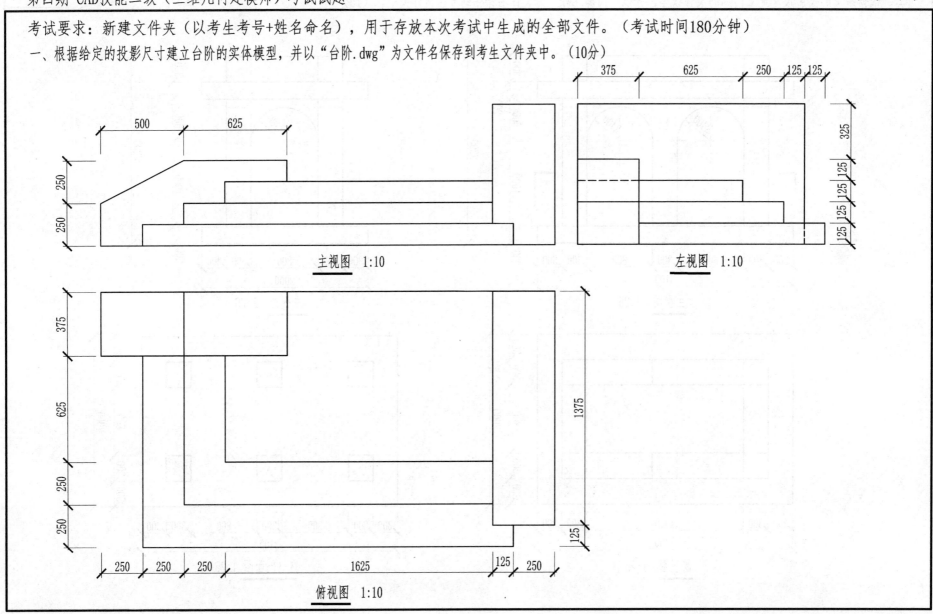

二、根据给定的投影尺寸建立门廊的实体模型,并以"门廊.dwg"为文件名保存到考生文件夹中。(15分)

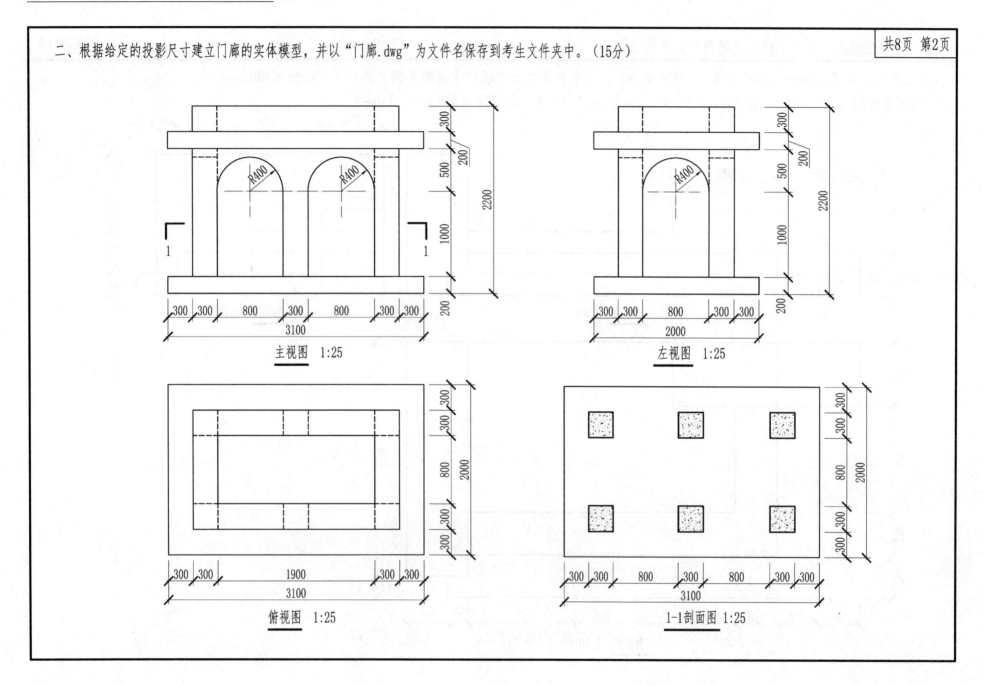

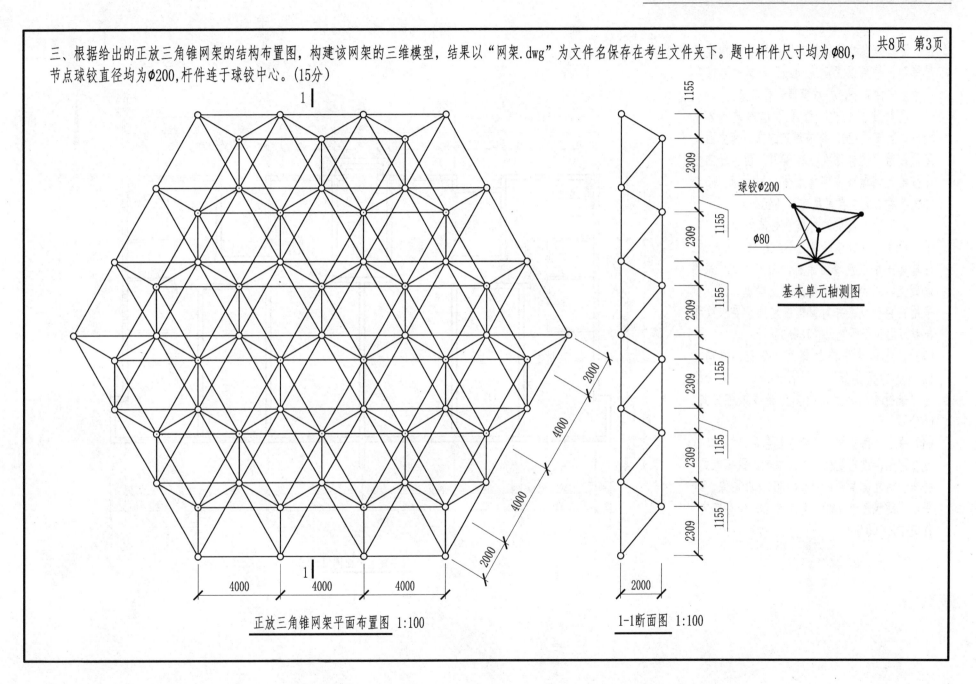

四、根据给出的建筑施工图，按要求构建房屋模型，结果以"建筑.dwg"为文件名保存在考生文件夹下，并对模型进行渲染。

(1) 已知建筑的内、外承重墙厚均为240，轻质内隔墙厚120，将该建筑的东、南立面及屋顶按给定图样建立立体模型，西、北侧立面按给定墙厚建立实体墙体，门、窗、阳台样式参考立面图自定尺寸。(40分)

(2) 采用软件提供的材质及材质编辑器按要求为已建好的房屋模型的不同部位附着材质，外墙体采用红色墙面涂料，勒脚、屋顶采用混凝土，阳台护栏采用混凝土栏板，门、窗采用白色塑钢，并对窗镶嵌玻璃。要求纹理与对应面积相匹配。(10分)

(3) 在此场景中添加强度为0.75，方向角120°，仰角为35°的平行光源，将其命名为"平行光"并使之投影为光线跟踪方式。(5分)

(4) 将东、南立面进行透视投影后，对视口进行渲染，设置蓝色背景，以光线跟踪方式将东、南立面渲染成640×480的BMP图像，结果以"建筑渲染.BMP"为文件名，保存在文件夹中。(5分)

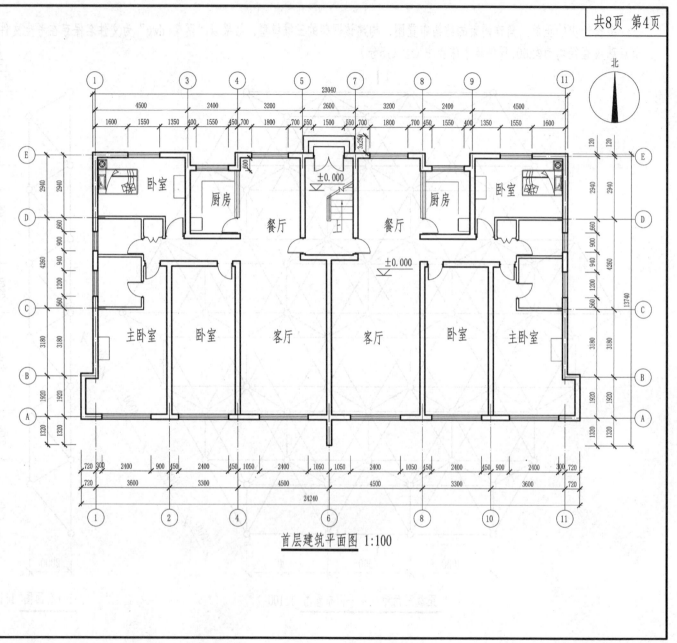

首层建筑平面图 1:100

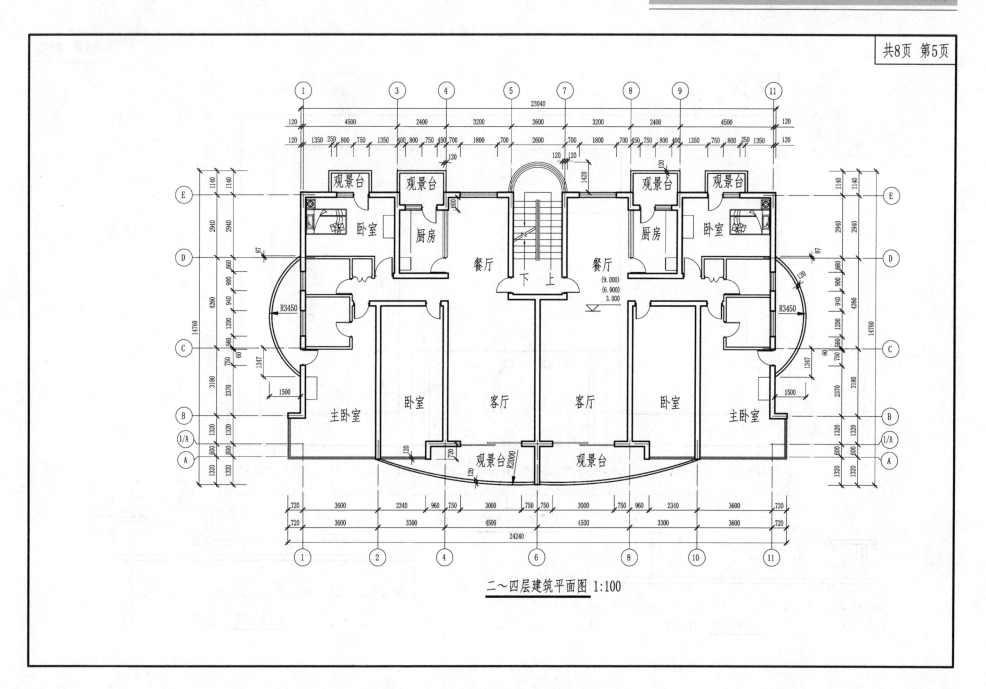

二～四层建筑平面图 1:100

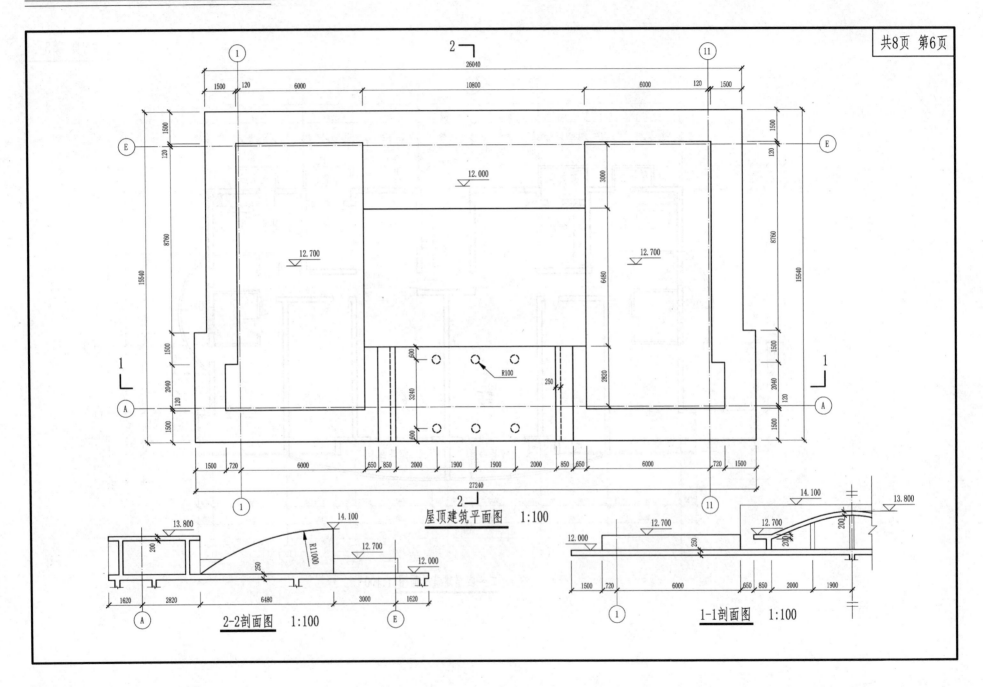

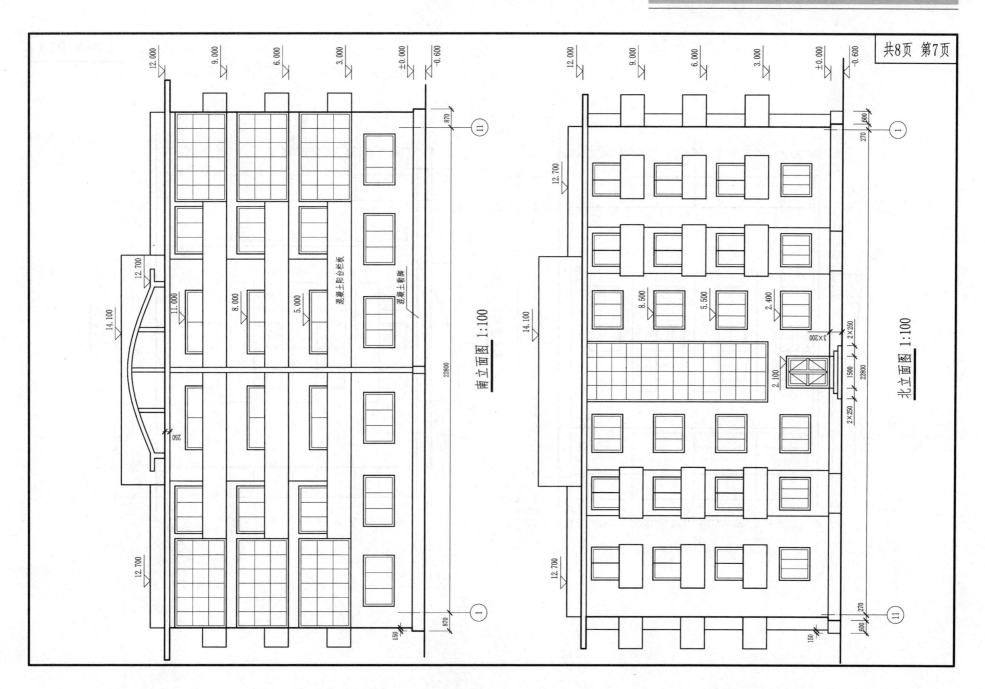

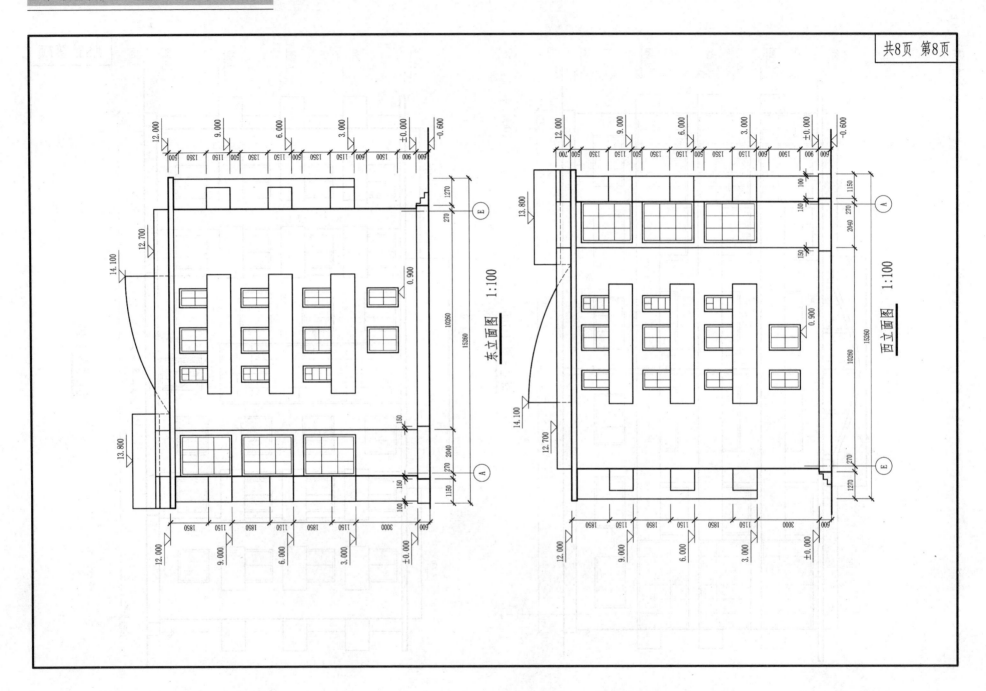

第五期 CAD技能二级（三维几何建模师）考试试题

考试要求：新建文件夹（以考生考号+姓名命名），用于存放本次考试中生成的全部文件。（考试时间180分钟）

一、根据给定的投影尺寸建立台阶的实体模型，并以"台阶.dwg"为文件名保存到考生文件夹中。（10分）

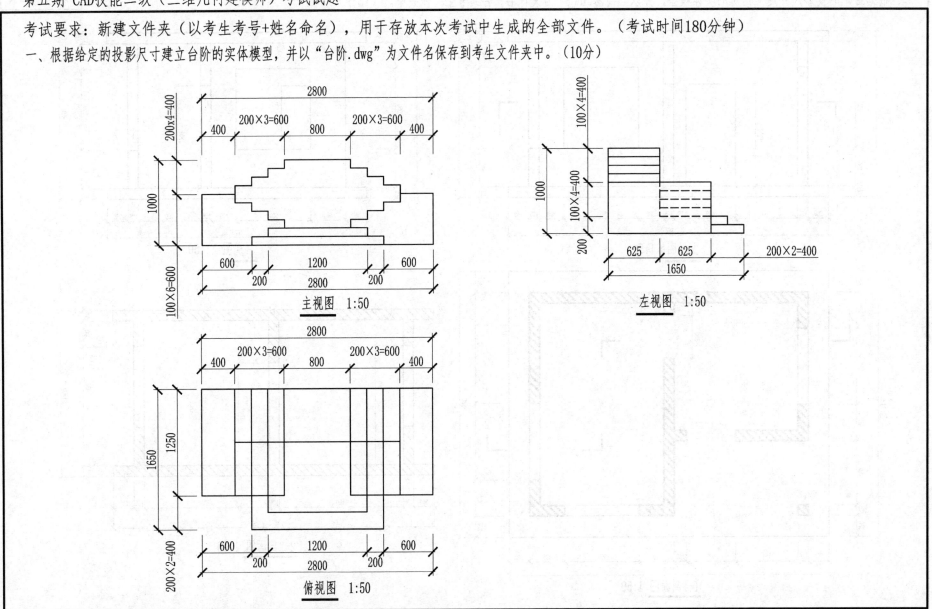

二、根据给定的投影尺寸建立门房的实体模型，并以"门房.dwg"为文件名保存到考生文件夹中。（15分）

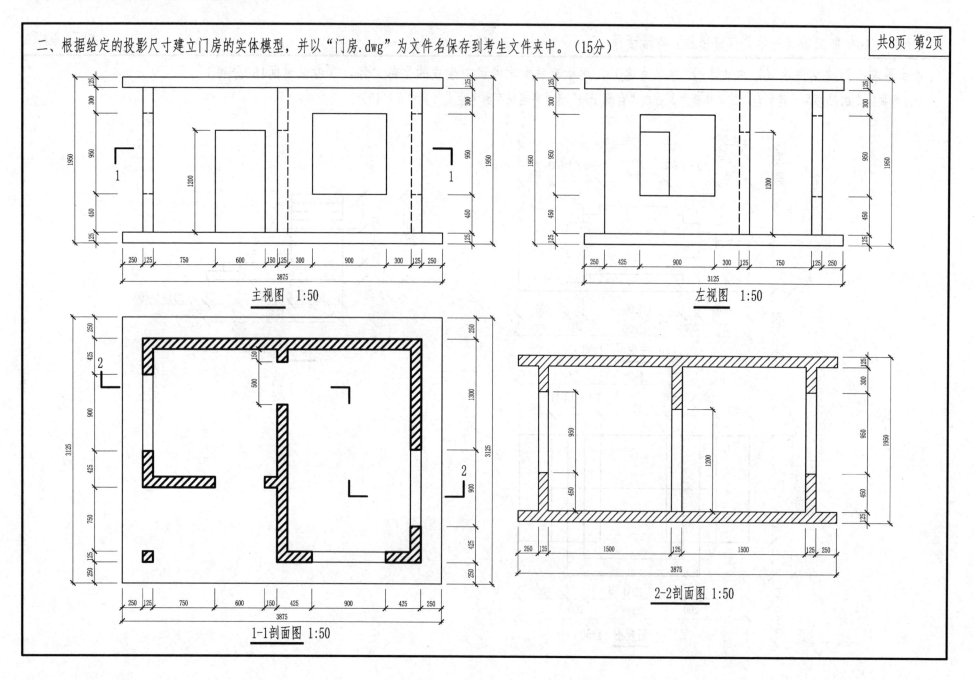

主视图 1:50　　左视图 1:50　　1-1剖面图 1:50　　2-2剖面图 1:50

三、根据给出的四角锥弧形网壳的结构布置图，构建该网架的三维模型，结果以"弧形网壳.dwg"为文件名保存在考生文件夹下。题中杆件尺寸均为 φ80，节点球铰直径均为φ200，杆件连于球铰中心。(15分)

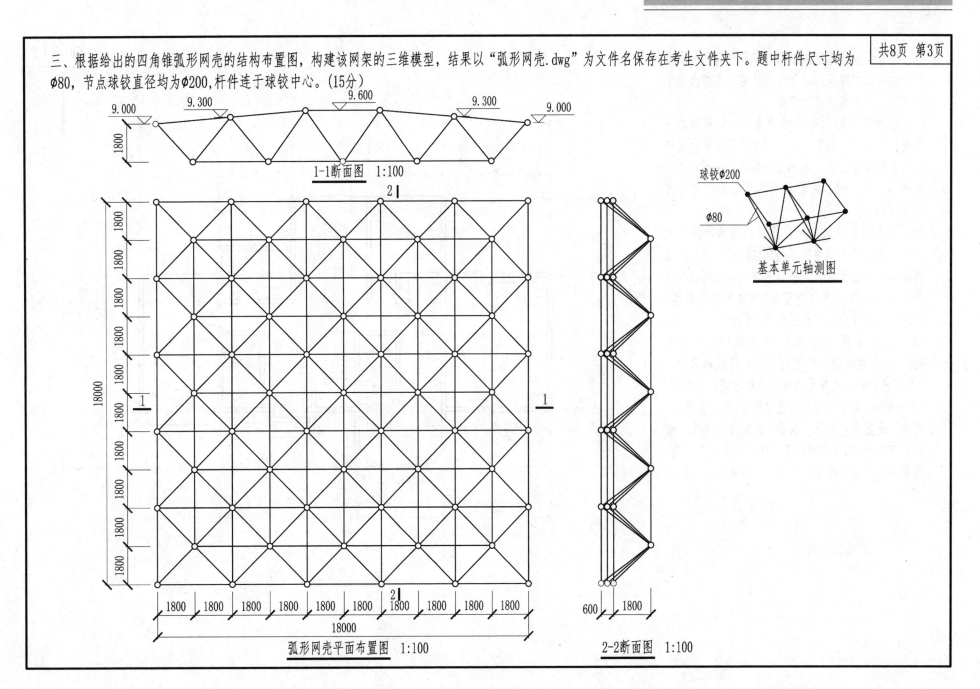

四、根据给出的建筑施工图，按要求构建房屋模型，结果以"建筑.dwg"为文件名保存在考生文件夹下，并对模型进行渲染。

(1) 已知建筑的内外墙厚均为200，沿轴线居中布置，将该建筑的东、南立面及屋顶按给定图样建立立体模型，西、北侧立面按给定墙厚建立实体墙体，门、窗、阳台样式参考立面图自定尺寸。(40分)

(2) 采用软件提供的材质及材质编辑器按要求为已建好的房屋模型的不同部位附着材质，外墙体采用红色墙面涂料，檐口和坡屋顶采用蓝灰色彩瓦，门、窗采用白色塑钢，并对窗镶嵌玻璃。要求纹理与对应面积相匹配。(10分)

(3) 在此场景中添加强度为0.75，方向角120°，仰角为35°的平行光源，将其命名为"平行光"并使之投影为光线跟踪方式。(5分)

(4) 将东、南立面进行透视投影后，对视口进行渲染，设置蓝色背景，以光线跟踪方式将东、南立面渲染成640×480的BMP图像，结果以"建筑渲染.BMP"为文件名，保存在文件夹中。(5分)

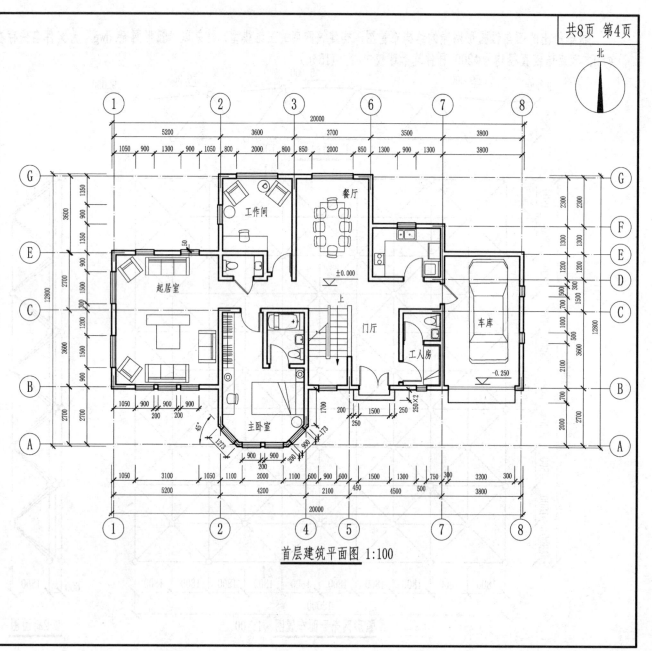

首层建筑平面图 1:100

二层建筑平面图 1:100

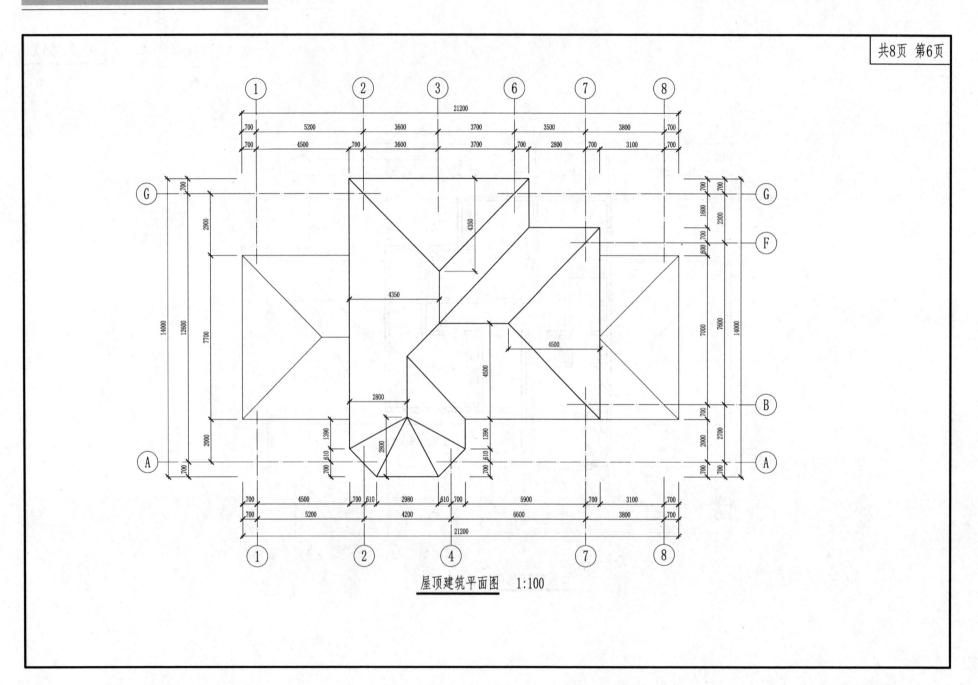

屋顶建筑平面图 1:100

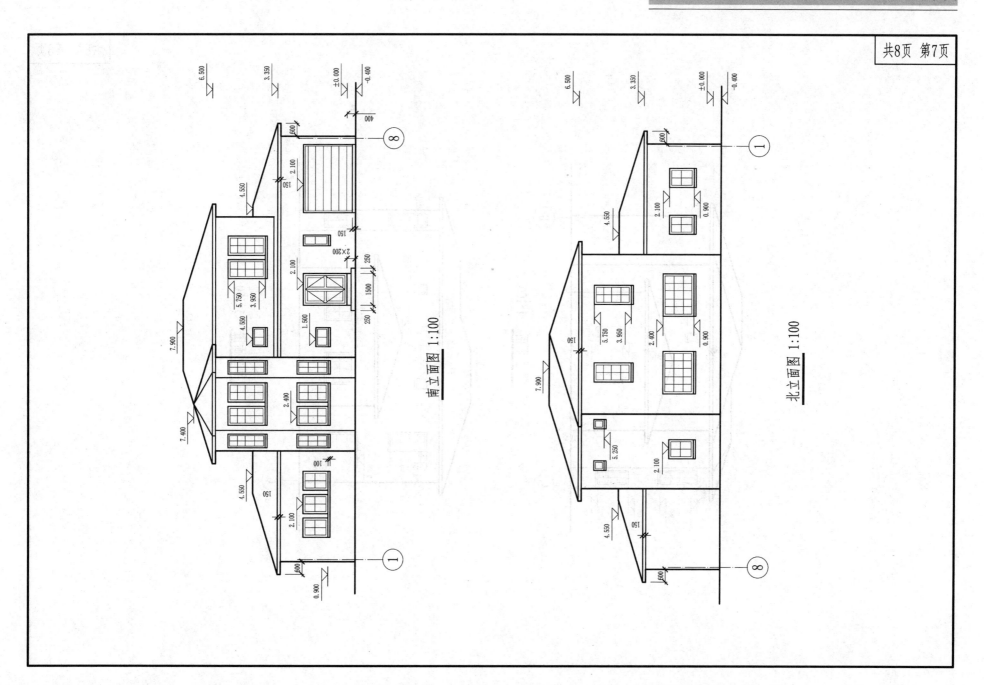

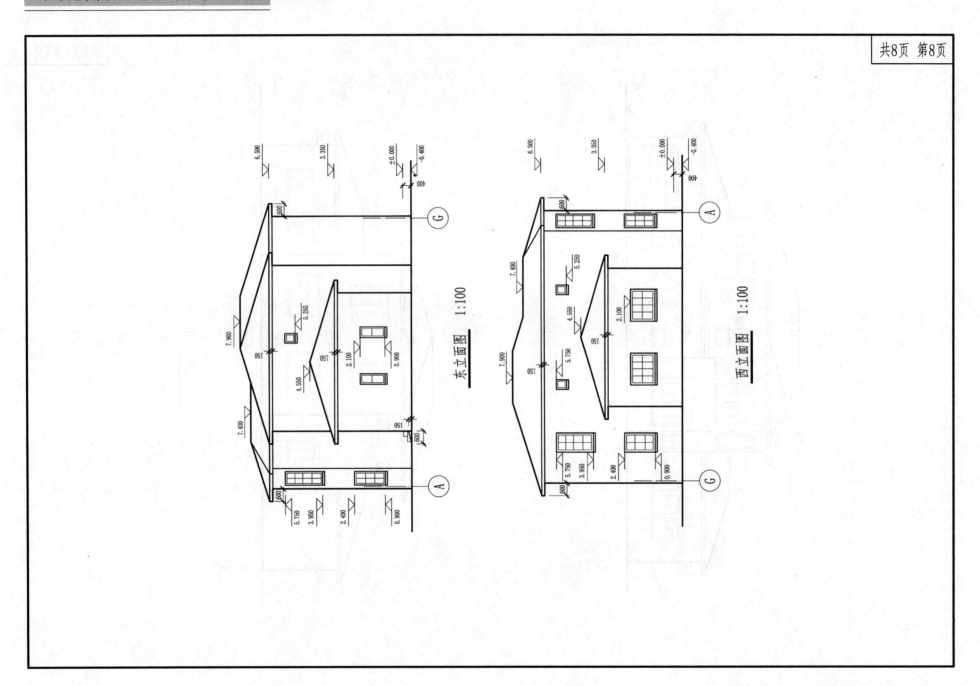

第六期 CAD技能二级（三维几何建模师）考试试题

考试要求：新建文件夹（以考生考号+姓名命名），用于存放本次考试中生成的全部文件。（考试时间180分钟）

一、根据给定的投影尺寸建立柱脚的实体模型，并以"柱脚.dwg"为文件名保存到考生文件夹中。（10分）

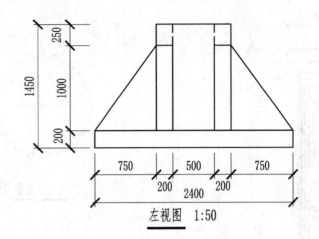

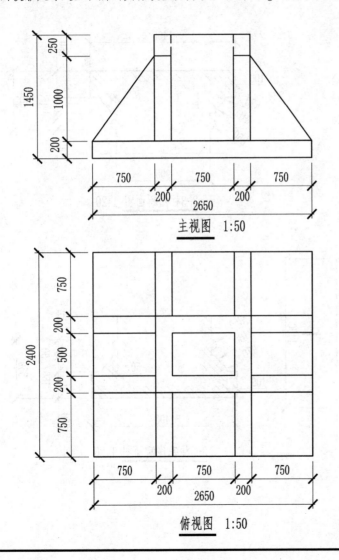

二、根据给定的投影尺寸建立罗马柱的实体模型，并以"罗马柱.dwg"为文件名保存到考生文件夹中。（15分）

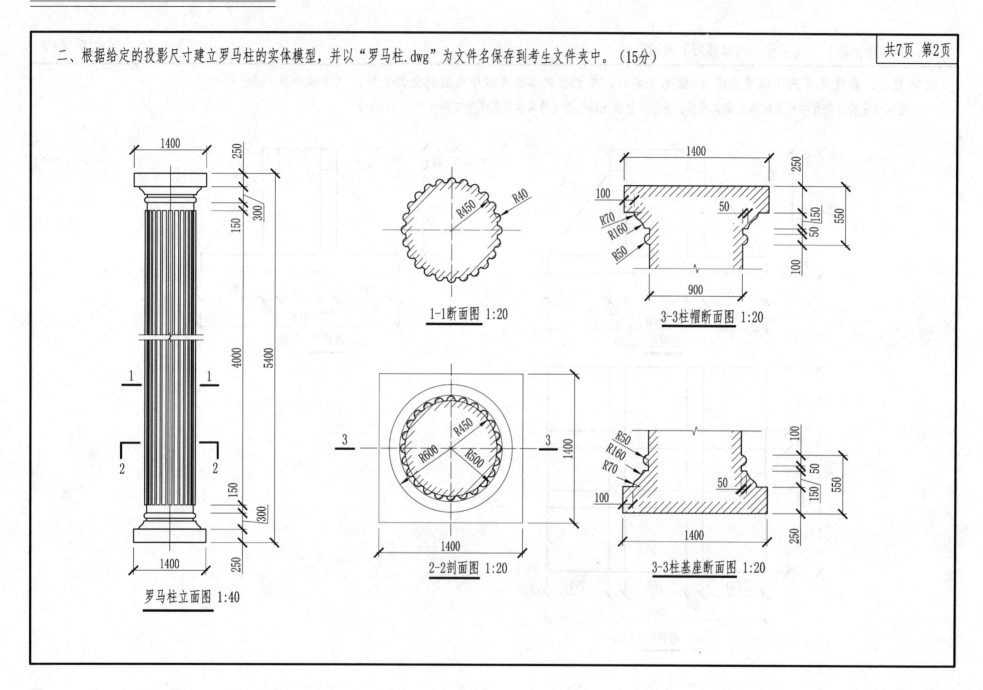

三、根据给出的倒放抽空四角锥网架的结构布置图，构建该网架的三维模型，结果以"网架.dwg"为文件名保存在考生文件夹下。题中杆件尺寸均为 $\phi 80$，节点球铰直径均为 $\phi 200$，杆件连于球铰中心。(15分)

倒放抽空四角锥网架平面布置图 1:100

1-1断面图 1:100

2-2断面图 1:100

基本单元轴测图

球铰 $\phi 200$　$\phi 80$

四、根据给出的建筑施工图,按要求构建房屋模型,结果以"建筑.dwg"为文件名保存在考生文件夹下,并对模型进行渲染。

(1) 已知建筑的内外墙厚均为240,沿轴线居中布置,将该建筑的东、南立面及屋顶按给定图样建立立体模型,西、北侧立面按给定墙厚建立实体墙体,门、窗、阳台样式参考立面图自定尺寸。(40分)

(2) 采用软件提供的材质及材质编辑器按要求为已建好的房屋模型的不同部位附着材质,外墙体采用红色墙面涂料,屋顶采用蓝灰色涂料,门、窗采用白色塑钢,并对窗镶嵌玻璃。要求纹理与对应面积相匹配。(10分)

(3) 在此场景中添加强度为0.75,方向角120°,仰角为35°的平行光源,将其命名为"平行光"并使之投影为光线跟踪方式。(5分)

(4) 将东、南立面进行透视投影后,对视口进行渲染,设置蓝色背景,以光线跟踪方式将东、南立面渲染成640×480的BMP图像,结果以"建筑渲染.BMP"为文件名,保存在文件夹中。(5分)

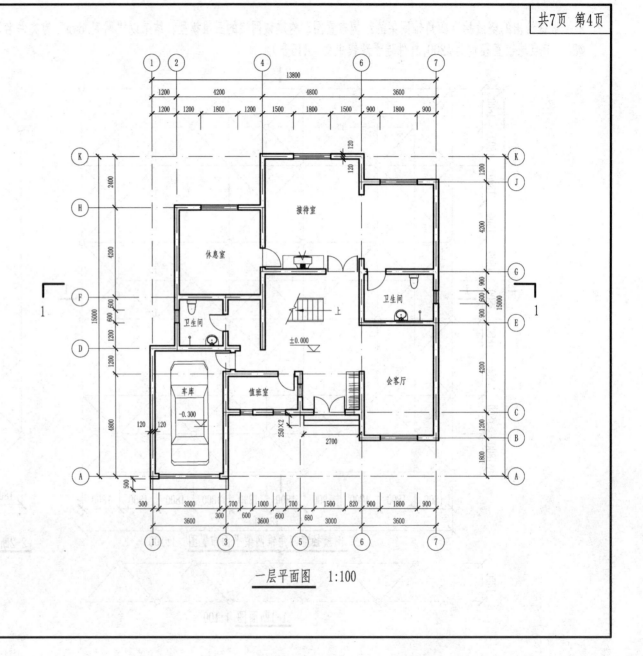

一层平面图 1:100

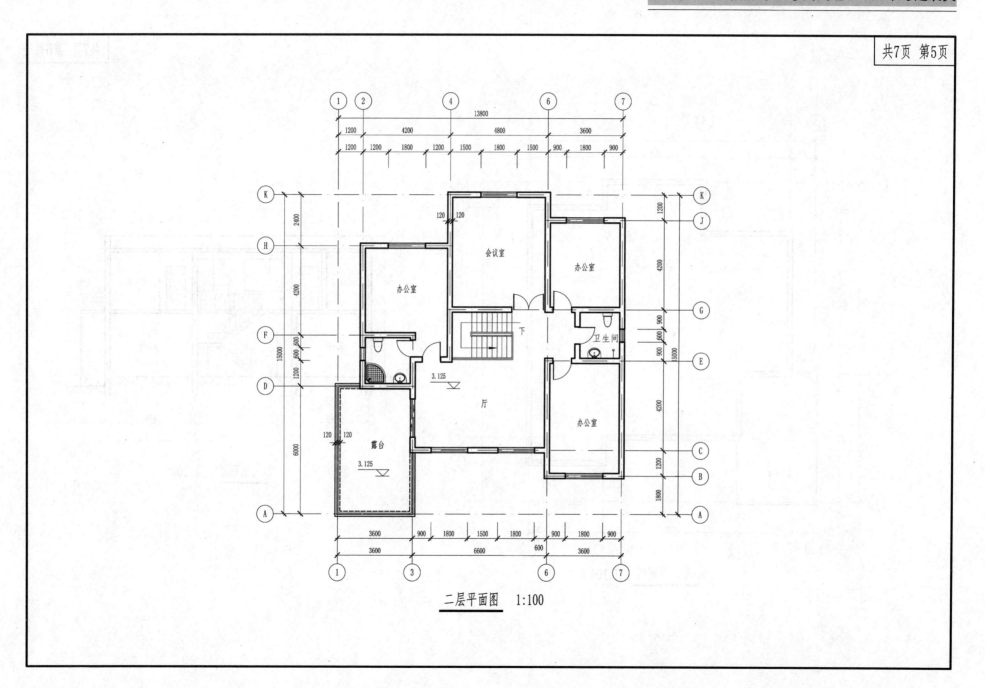

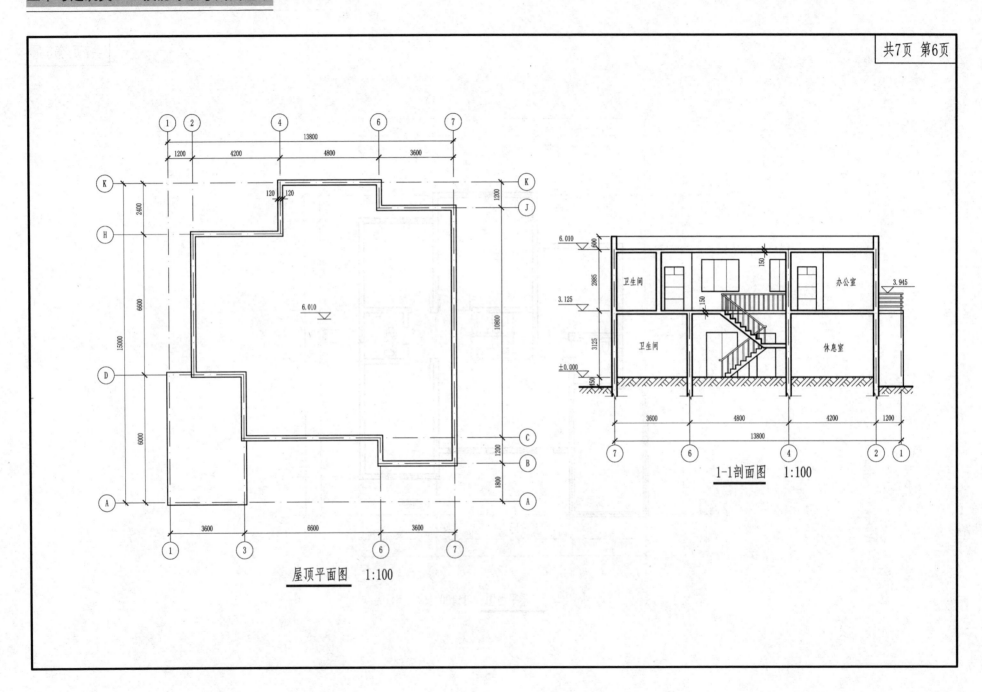

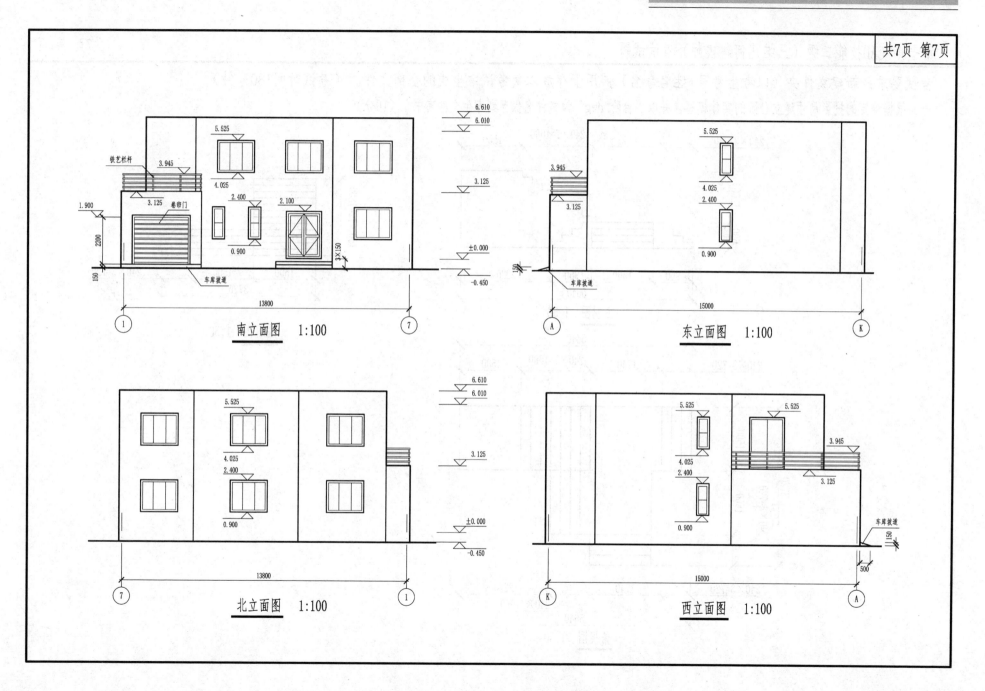

第七期 CAD技能二级（三维几何建模师）考试试题

考试要求：新建文件夹（以考生考号+姓名命名），用于存放本次考试中生成的全部文件。（考试时间180分钟）

一、根据给定的投影尺寸建立台阶的实体模型，并以"台阶.dwg"为文件名保存到考生文件夹中。（10分）

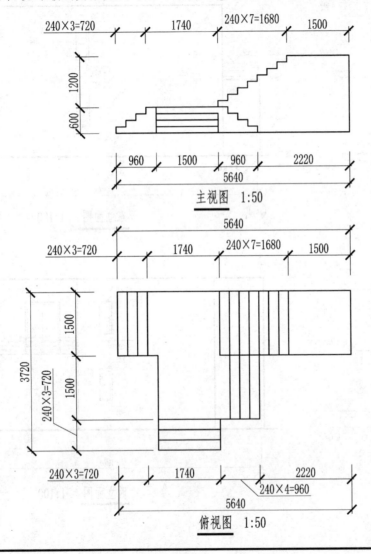
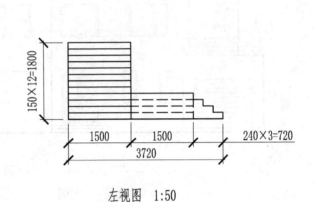

二、根据给定的投影尺寸建立门房的实体模型，并以"门房.dwg"为文件名保存到考生文件夹中。（15分）

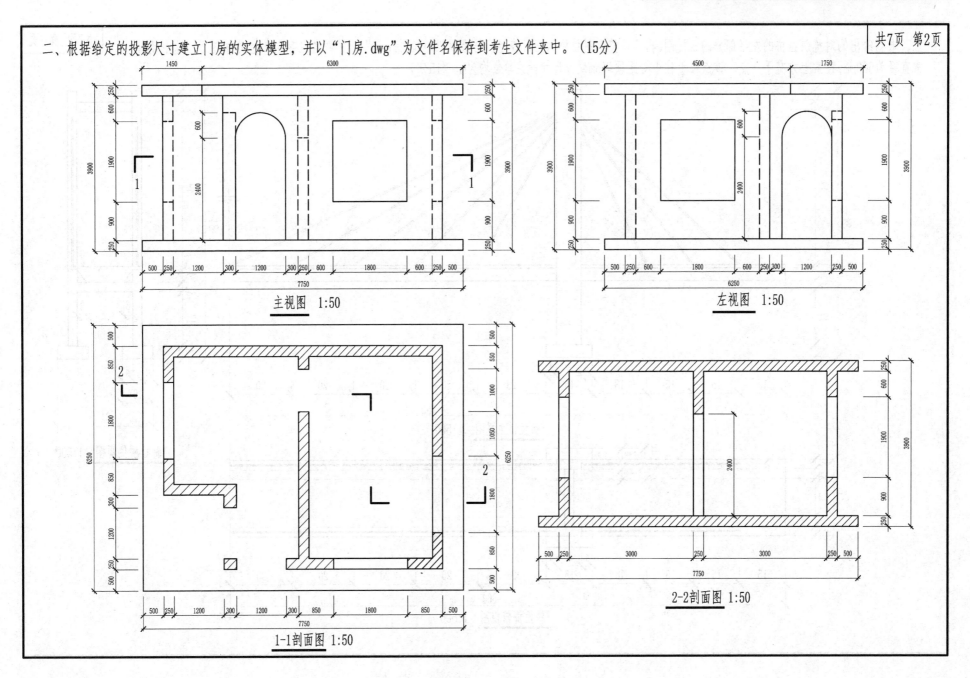

三、根据给出的对称斜拉桥的左半部分的三视图,构建该整个斜拉桥的三维模型,结果以"斜拉桥.dwg"为文件名保存在考生文件夹下。题中倾斜拉索直径为500mm,拉索上方交于一点,该点位于柱中心距顶端5m处,尺寸标注单位均为m。(15分)

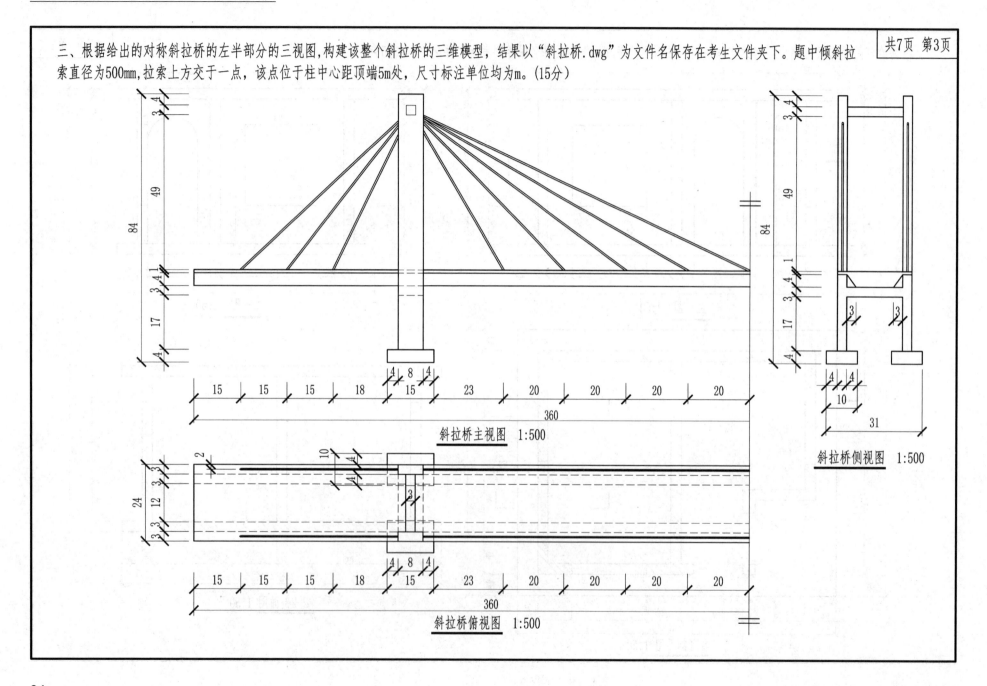

斜拉桥主视图 1:500

斜拉桥侧视图 1:500

斜拉桥俯视图 1:500

四、根据给出的建筑施工图，按要求构建房屋模型，结果以"建筑.dwg"为文件名保存在考生文件夹下，并对模型进行渲染。

(1) 已知建筑的内、外墙厚均为240，将该建筑的东、南立面及檐口按给定图样建立立体模型，西、北侧立面按给定墙厚建立实体墙体，门、窗、阳台样式参考立面图自定尺寸。(42分)

(2) 采用软件提供的材质及材质编辑器按要求为已建好的房屋模型的不同部位附着材质，外墙体采用红色墙面瓷砖，女儿墙、楼板采用混凝土，阳台护栏采用不锈钢栏杆，门、窗采用白色塑钢，并对窗镶嵌玻璃。要求纹理与对应面积相匹配。(8分)

(3) 在此场景中添加强度为0.75，方向角120°，仰角为35°的平行光源，将其命名为"平行光"并使之投影为光线跟踪方式。(5分)

(4) 将东、南立面进行透视投影后。对视口进行渲染，设置蓝色背景，以光线跟踪方式将东、南立面渲染成640×480的BMP图像，结果以"建筑渲染.BMP"为文件名，保存在文件夹中。(5分)

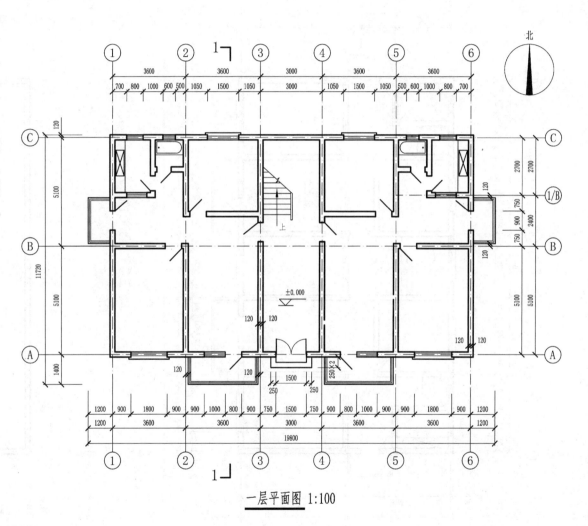

一层平面图 1:100

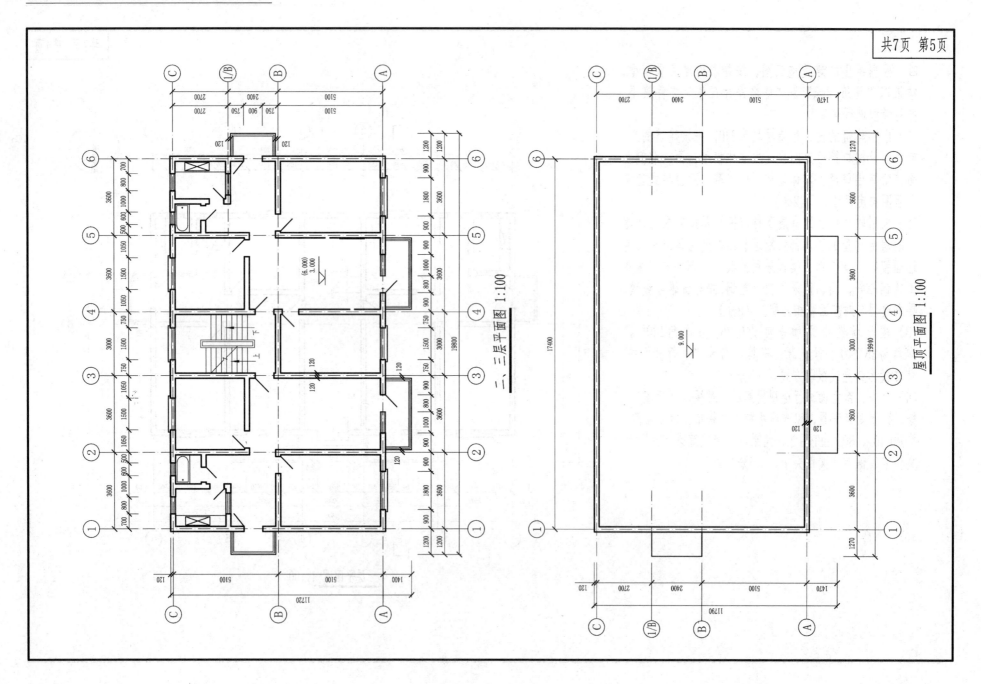

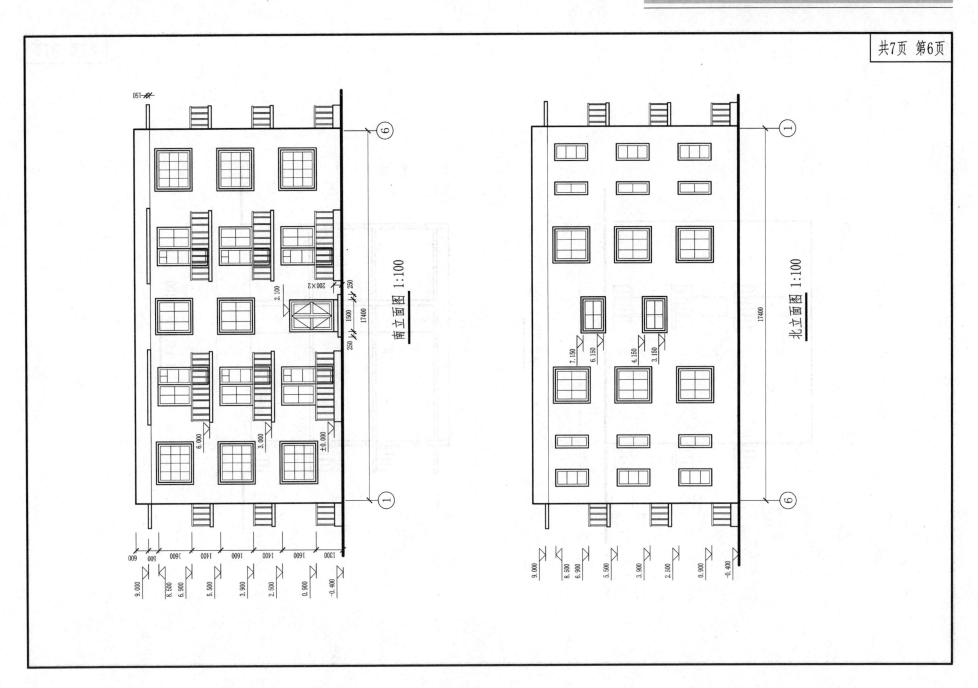

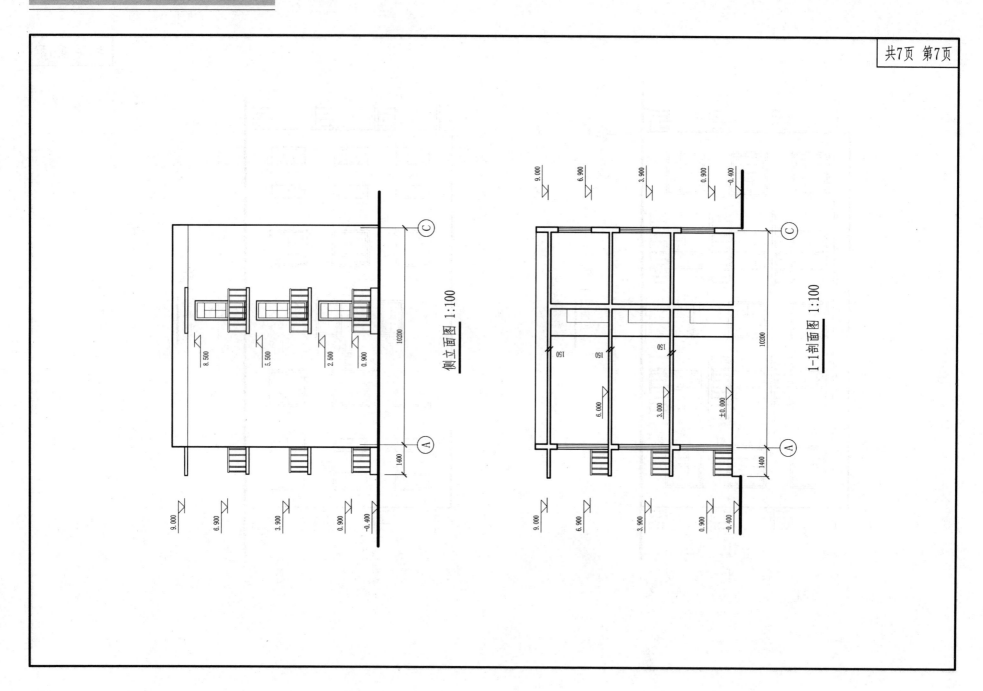

第八期 CAD技能二级（三维几何建模师）考试试题

考试要求：新建文件夹（以考生考号+姓名命名），用于存放本次考试中生成的全部文件。（考试时间180分钟）

一、根据给定的投影尺寸建立小碑座的实体模型，并以"小碑座.dwg"为文件名保存到考生文件夹中。（10分）

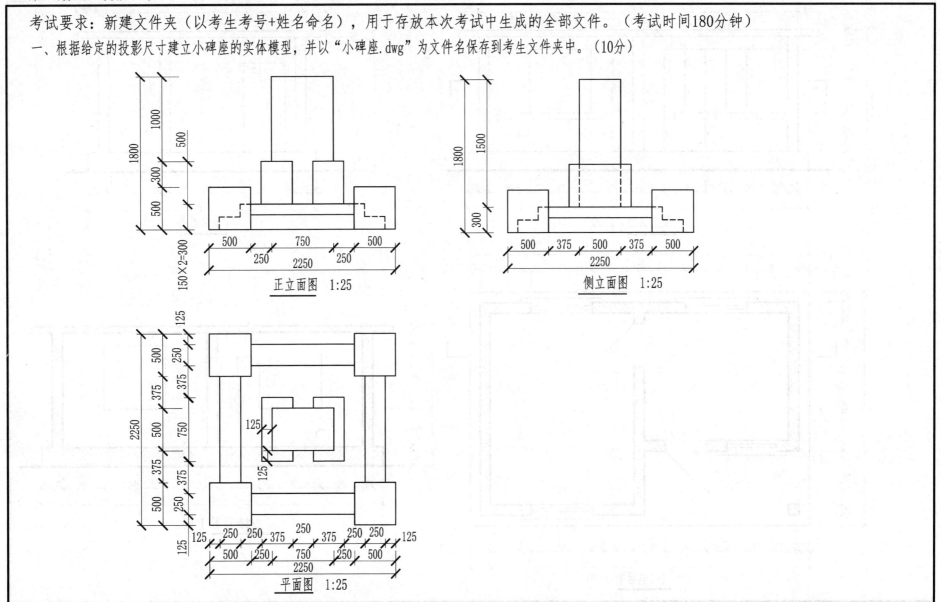

二、根据给定的投影尺寸建立门房的实体模型，并以"门房.dwg"为文件名保存到考生文件夹中。（15分）

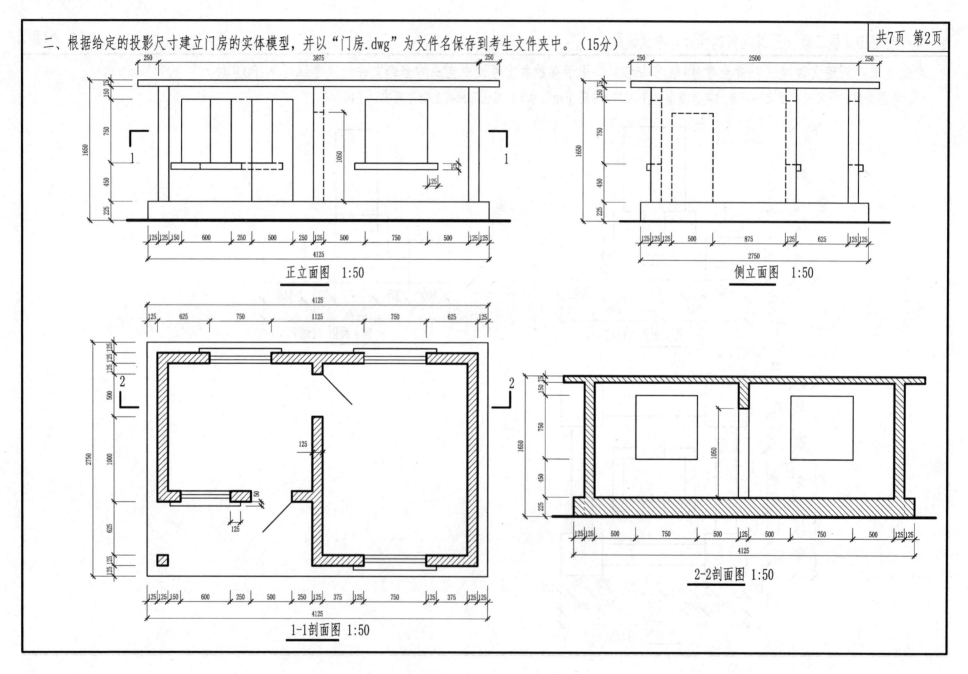

正立面图 1:50

侧立面图 1:50

1-1剖面图 1:50

2-2剖面图 1:50

三、根据给出的对称城墙的左半部分的三视图,请构建该整个城墙的三维模型,结果以"城墙.dwg"为文件名保存在考生文件夹下。(15分)

城墙正立面图 1:150

城墙侧立面图 1:150

城墙平面图 1:150

四、根据给出的建筑施工图，按要求构建房屋模型，结果以"建筑.dwg"为文件名保存在考生文件夹下，并对模型进行渲染。

(1) 已知建筑的内外墙厚均为240，沿轴线居中布置，将该建筑的东、南立面及檐口按给定图样建立立体模型，西、北侧立面按给定墙厚建立实体墙体，门、窗、阳台样式参考立面图自定尺寸，二层棚架顶部标高与屋顶一致，棚架梁高150，宽100。（40分）

(2) 采用软件提供的材质及材质编辑器按要求为已建好的房屋模型的不同部位附着材质，外墙体采用红色墙面涂料，勒脚采用灰色石材，屋顶及棚架采用蓝灰色涂料，立柱及栏杆采用白色涂料，门、窗采用白色塑钢，并对窗镶嵌玻璃。要求纹理与对应面积相匹配。（10分）

(3) 在此场景中添加强度为0.75，方向角120°，仰角为35°的平行光源，将其命名为"平行光"并使之投影为光线跟踪方式。（5分）

(4) 将东、南立面进行透视投影后，对视口进行渲染，设置蓝色背景，以光线跟踪方式将东、南立面渲染成640×480的BMP图像，结果以"建筑渲染.BMP"为文件名，保存在文件夹中。（5分）

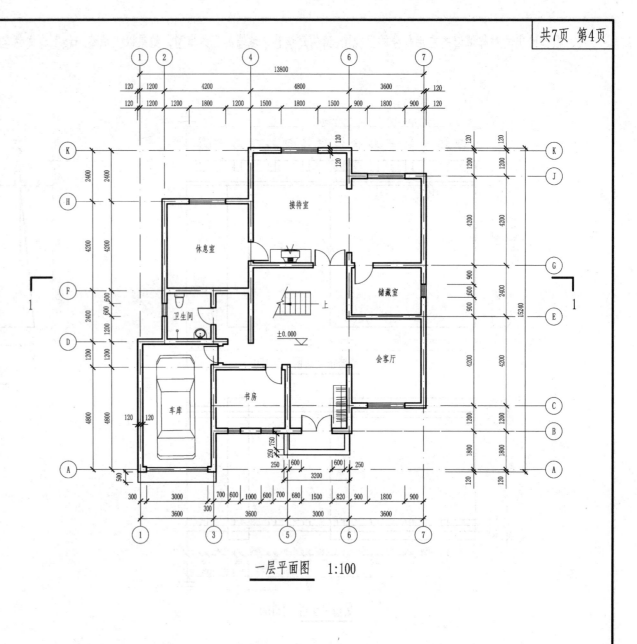

一层平面图 1:100

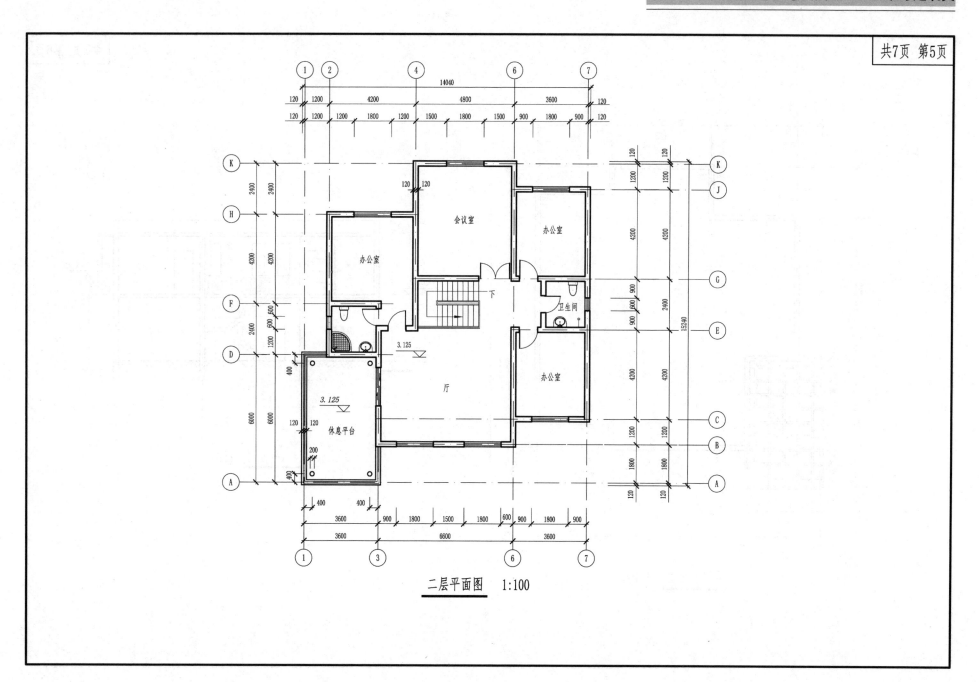

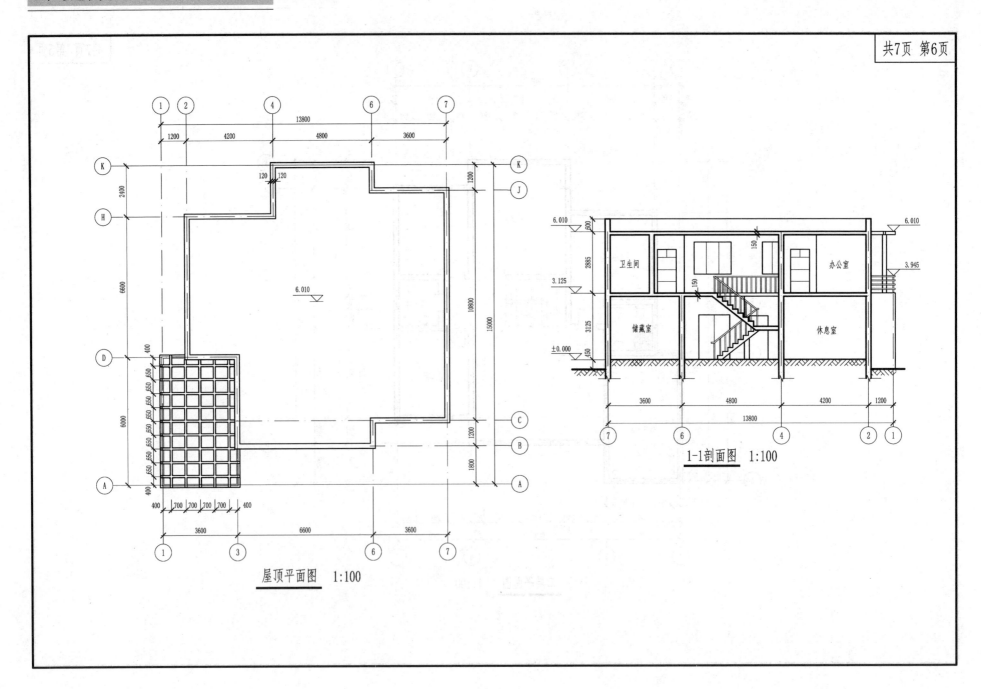

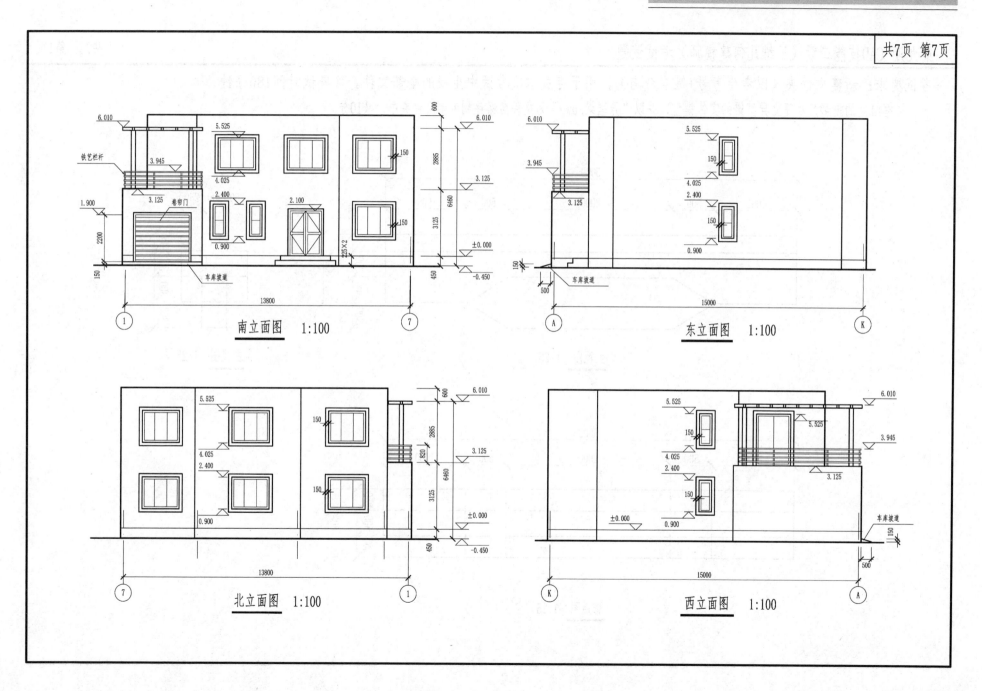

第九期 CAD技能二级（三维几何建模师）考试试题

考试要求：新建文件夹（以考生考号+姓名命名），用于存放本次考试中生成的全部文件。（考试时间180分钟）

一、根据给定的投影尺寸建立异型梁的实体模型，并以"异型梁.dwg"为文件名保存到考生文件夹中。（10分）

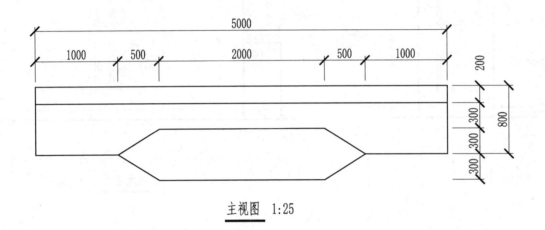

主视图 1:25

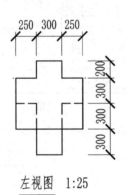

左视图 1:25

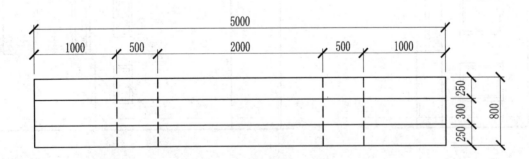

俯视图 1:25

二、根据给定的投影尺寸建立花园门及窗的实体模型，并以"花园门窗.dwg"为文件名保存到考生文件夹中。（15分）

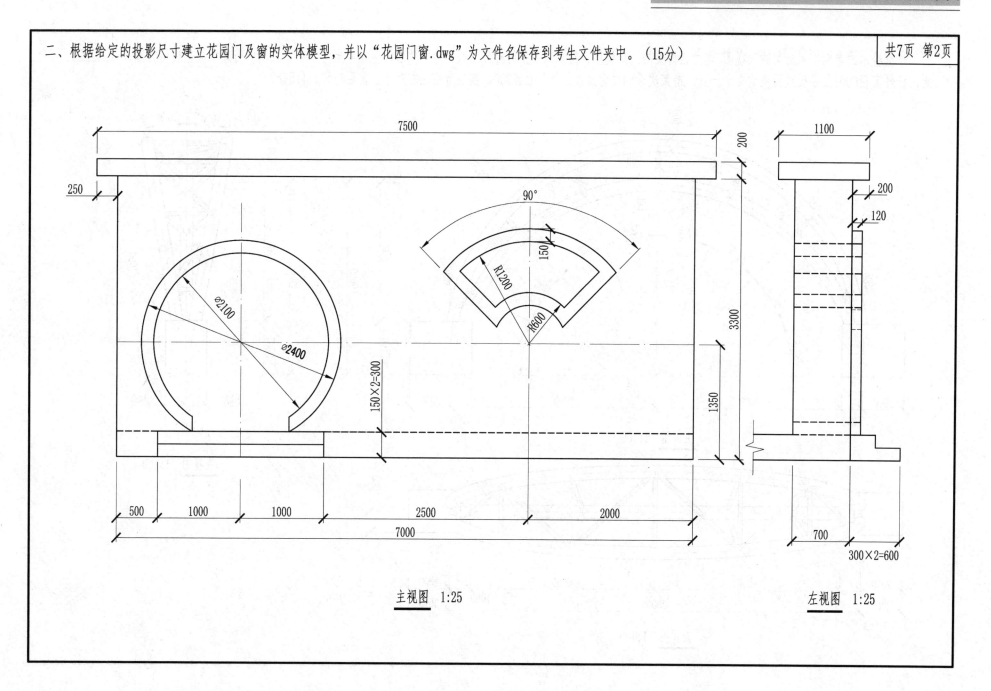

主视图 1:25　　　　左视图 1:25

三、根据给出的单榀空间桁架的三视图，建立该桁架的三维模型，结果以"空间桁架.dwg"为文件名保存在考生文件夹下。题中桁架主梁轴线均为圆周，杆件直径600，三条轴线两侧均交于一点。桁架次梁轴线为直线，杆件直径200。整榀桁架左右对称、前后对称。(15分)

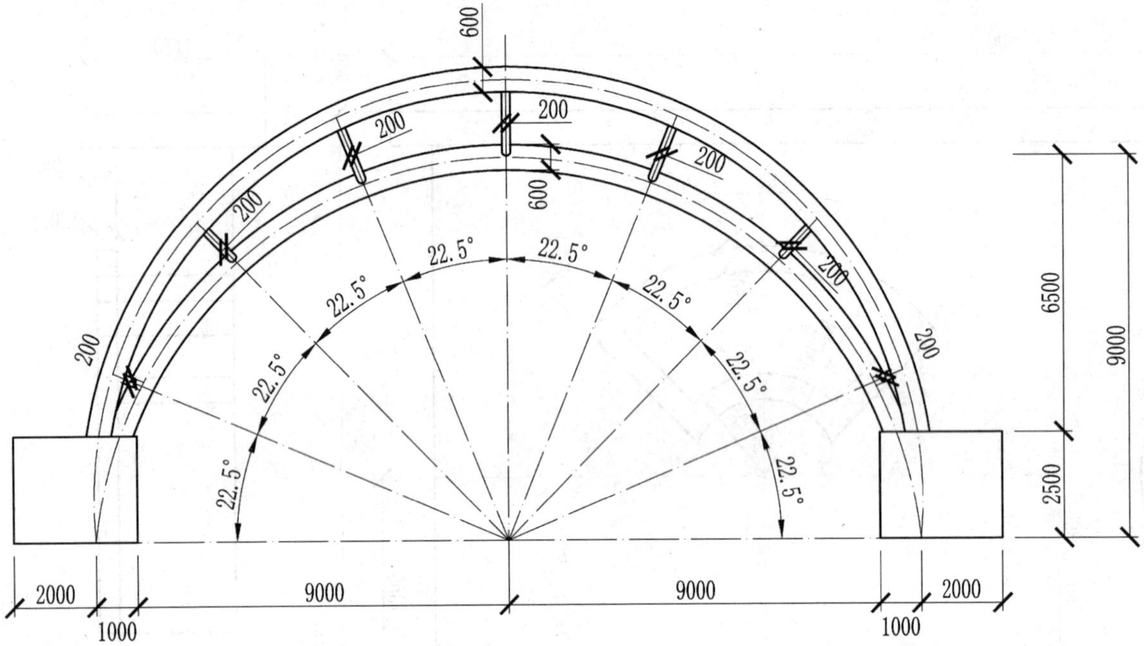

主视图 1:100

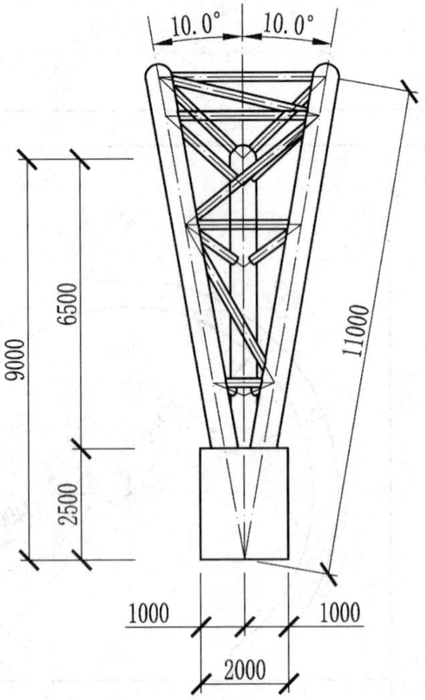

左视图 1:100

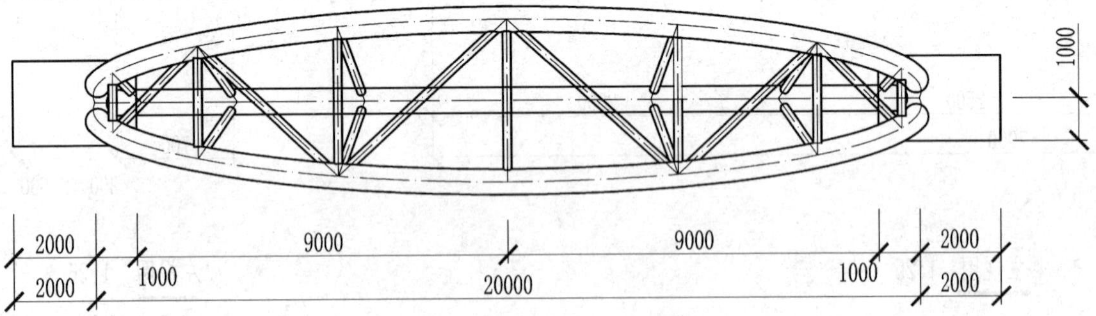

俯视图 1:100

四、根据给出的建筑施工图，按要求构建房屋模型，结果以"建筑.dwg"为文件名保存在考生文件夹下，并对模型进行渲染。

(1) 已知建筑的内外墙厚均为200，沿轴线居中布置，将该建筑的西、南立面及檐口按给定图样建立立体模型；东、北侧立面按给定墙厚建立实体墙体；门、窗、阳台、扶手参考立面图自定尺寸。（40分）

(2) 采用软件提供的材质及材质编辑器按要求为已建好的房屋模型的不同部位附着材质，外墙体采用红色墙面涂料，勒脚采用灰色石材，屋顶及棚架采用蓝灰色涂料，立柱及栏杆采用黄色涂料，门、窗采用白色塑钢，并对窗镶嵌玻璃。要求纹理与对应面积相匹配。（10分）

(3) 在此场景中添加强度为0.75，方向南偏西30°，仰角为35°的平行光源，将其命名为"平行光"并使之投影为光线跟踪方式。（5分）

(4) 将西、南立面进行透视投影后，对视口进行渲染，设置蓝色背景，以光线跟踪方式将西、南立面渲染成640×480的BMP图像，结果以"建筑渲染.BMP"为文件名，保存在文件夹中。（5分）

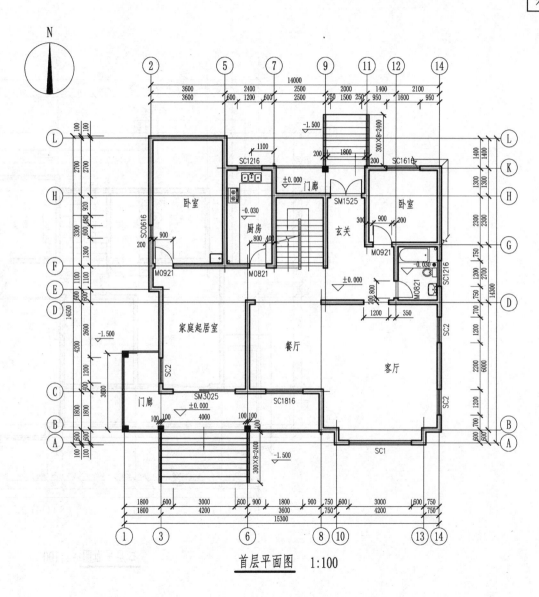

首层平面图 1:100

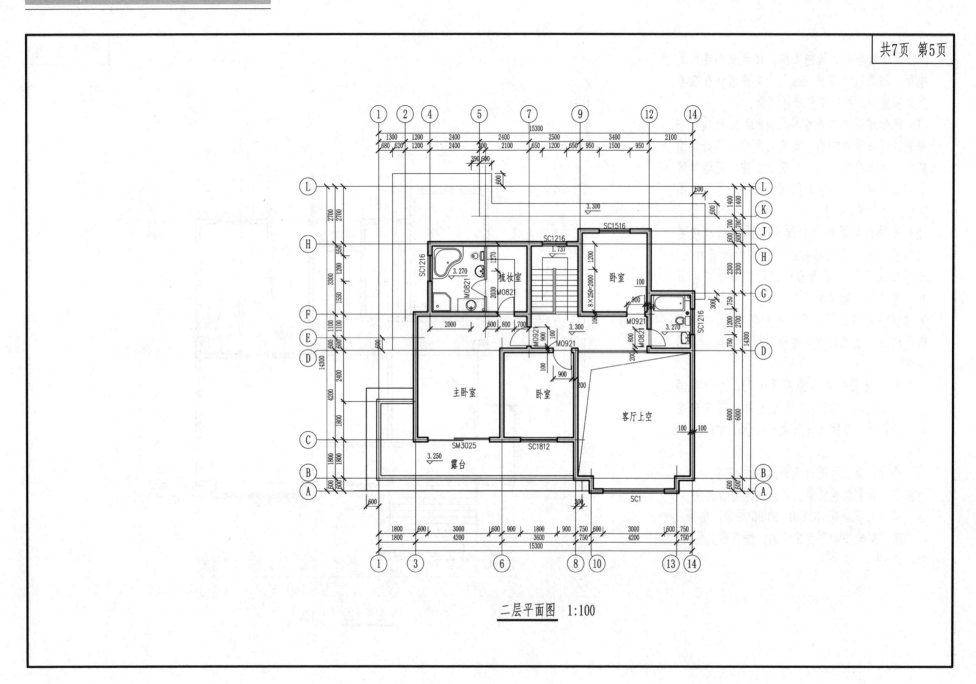

二层平面图 1:100

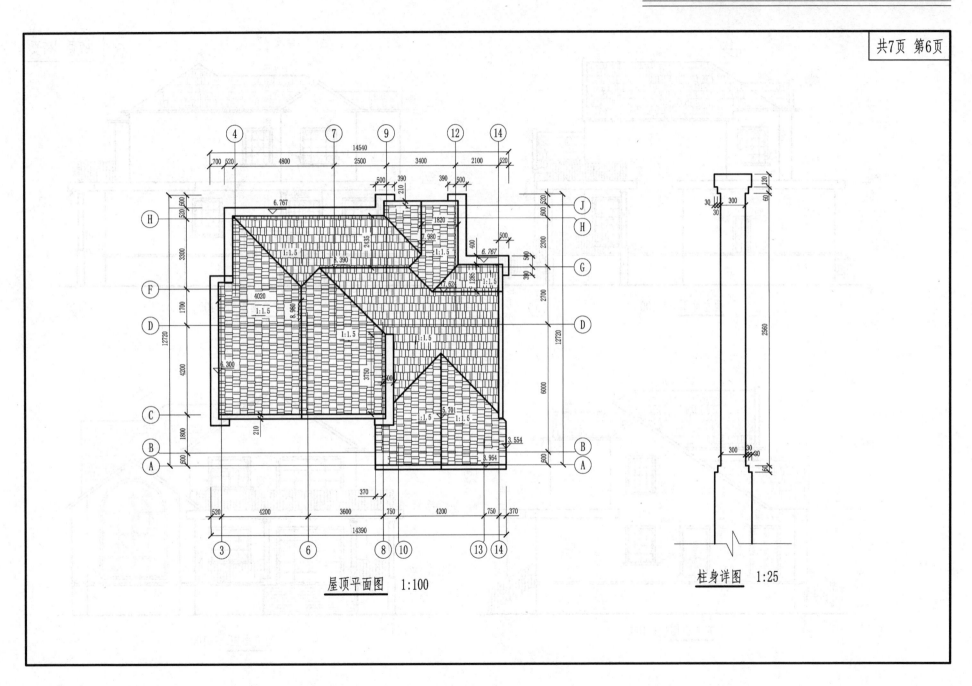

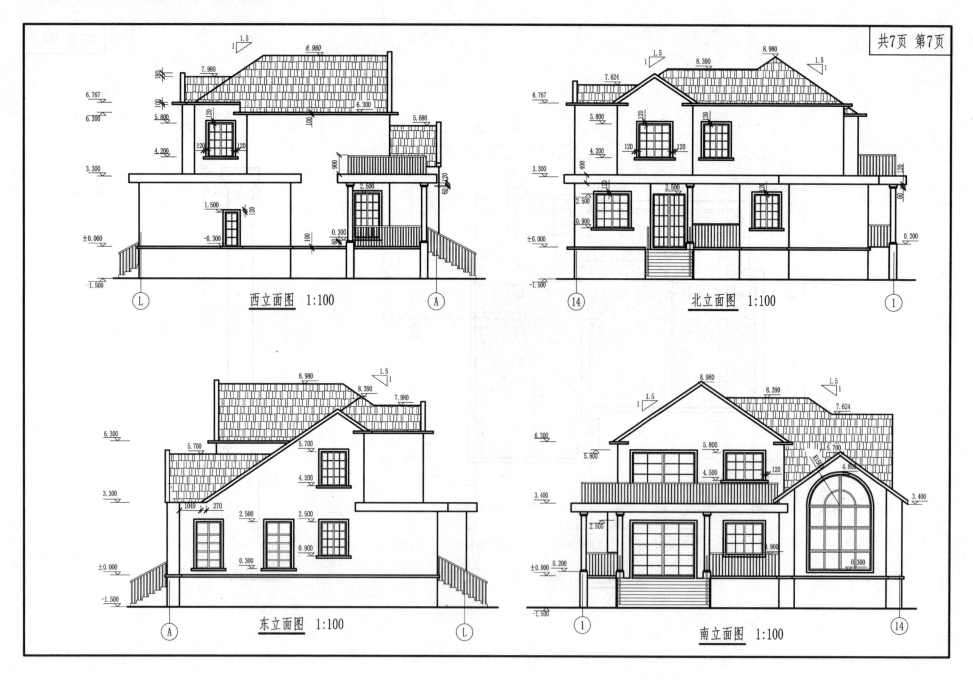

第十期 CAD技能二级（三维几何建模师）考试试题

考试要求：新建文件夹（以考生考号+姓名命名），用于存放本次考试中生成的全部文件。（考试时间180分钟）

一、根据给定的投影尺寸建立柱脚的实体模型，并以"柱脚.dwg"为文件名保存到考生文件夹中。（10分）

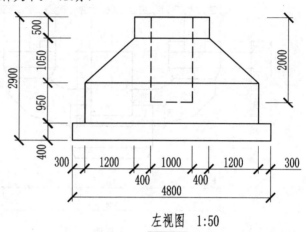

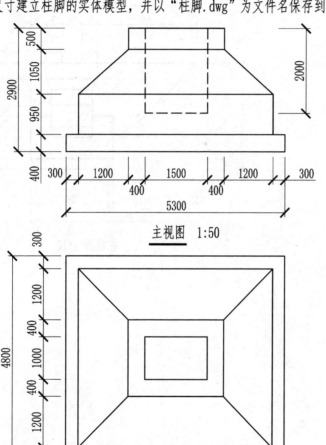

二、根据给定的投影尺寸建立斗拱的实体模型,并以"斗拱.dwg"为文件名保存到考生文件夹中。(15分)

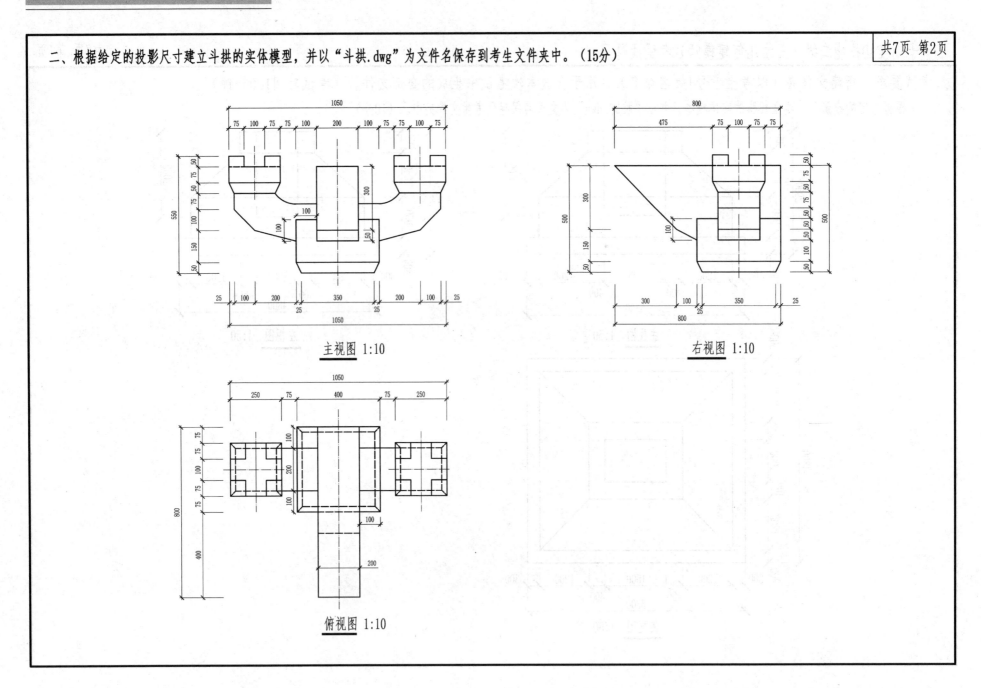

主视图 1:10

右视图 1:10

俯视图 1:10

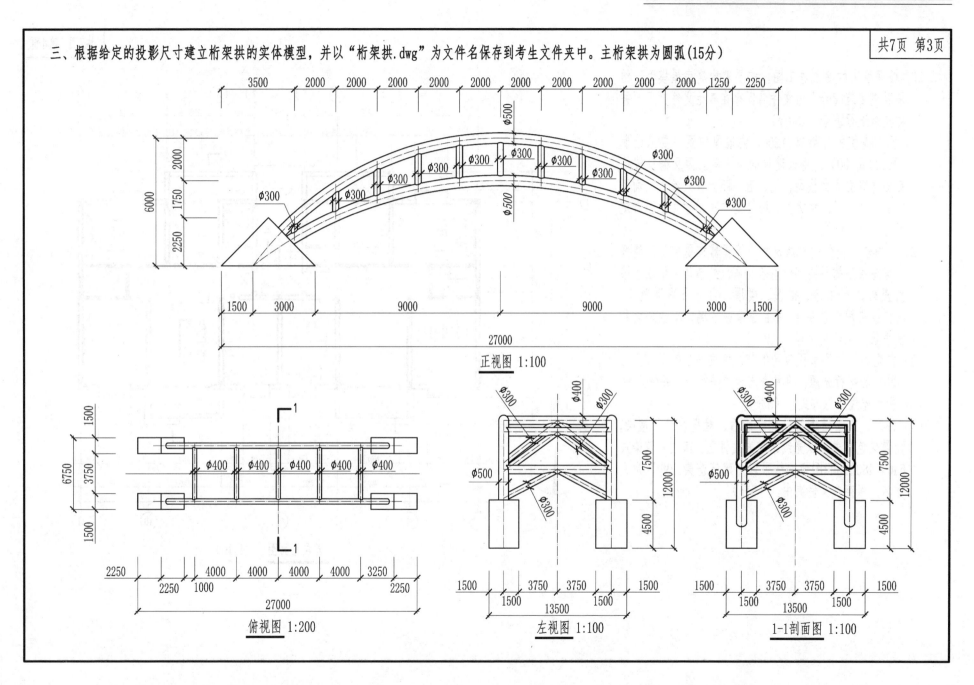

四、根据给出的建筑施工图，按要求构建房屋模型，结果以"建筑.dwg"为文件名保存在考生文件夹下，并对模型进行渲染。(60分)

(1) 已知建筑的外墙厚为200，内墙厚按图中要求绘制（取200或100）。将该建筑的东、南立面及檐口按给定图样建立立体模型，门、窗、阳台样式参考立面图自定尺寸。西、北侧立面按给定样式参考立面图自定尺寸。（41分）

(2) 采用软件提供的材质及材质编辑器按要求为已建好的房屋模型的不同部位附着材质，外墙体采用红色墙面瓷砖，女儿墙、楼板、楼顶、台阶采用混凝土，门、窗采用白色塑钢，并且窗镶嵌玻璃，阳台挡板和扶手采用深色花岗岩。（9分）

(3) 在此场景中添加强度为0.75，方向角120°，仰角为35°的平行光源，将其命名为"平行光"并使之投影为光线跟踪方式。（5分）

(4) 将东、南立面进行轴测投影后，对视口进行渲染，设置绿色背景，以光线跟踪方式将东、南立面渲染成640×480的BMP图像，结果以"建筑渲染.BMP"为文件名，保存在文件夹中。（5分）

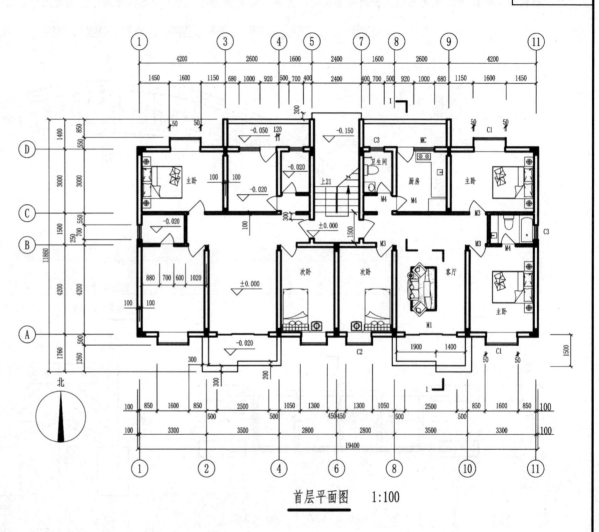

首层平面图　1:100

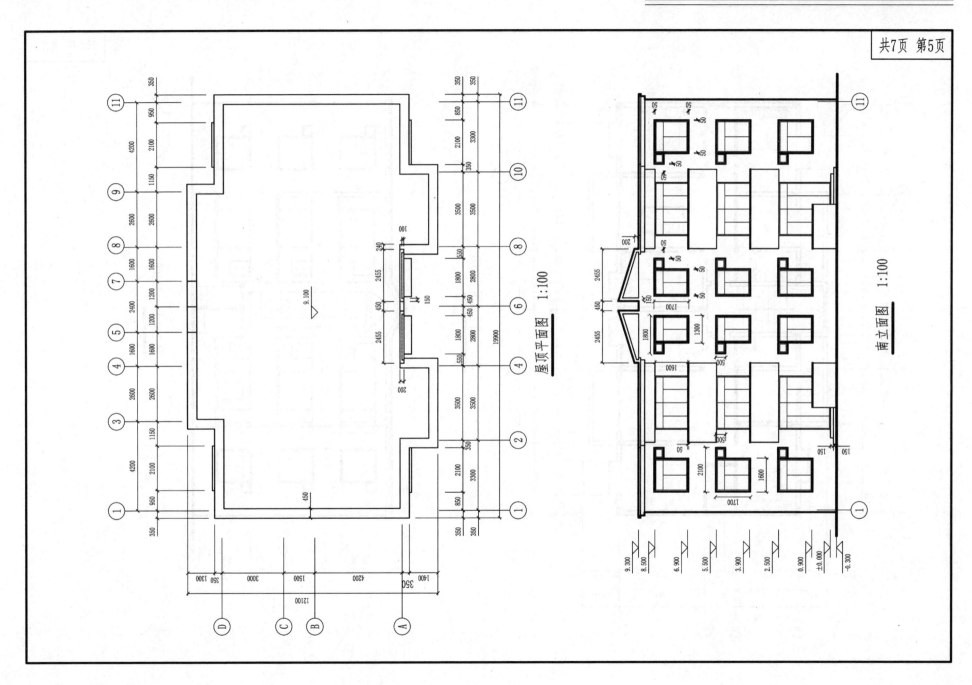

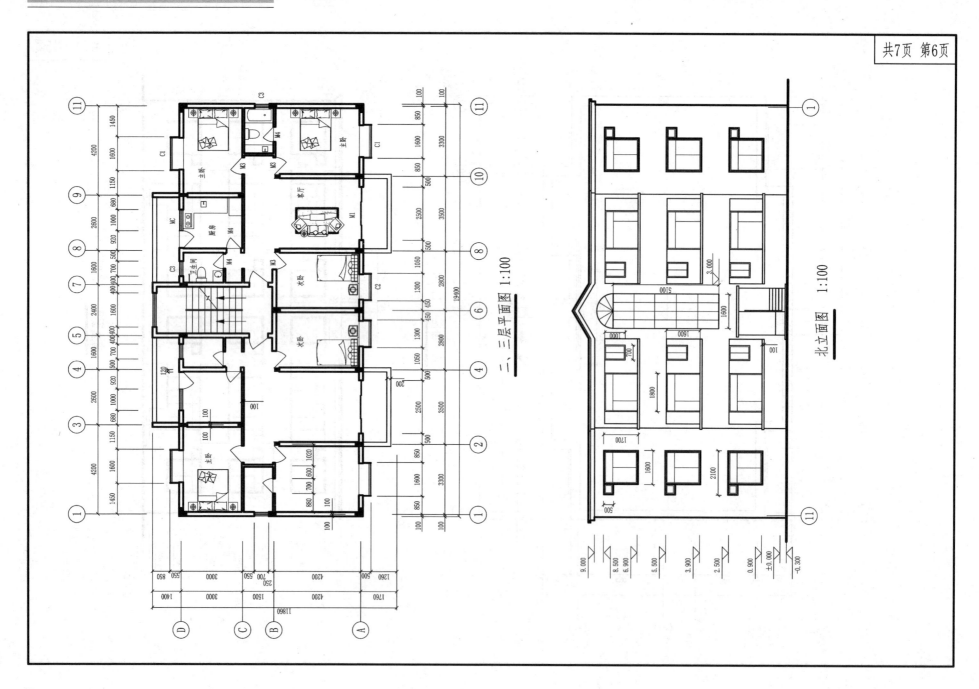

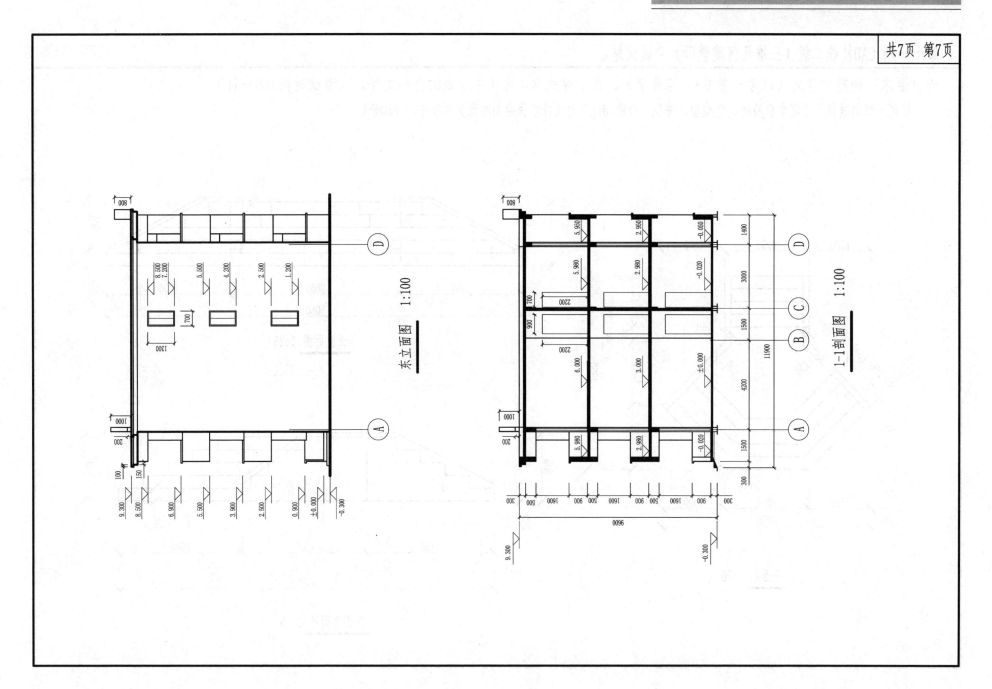

第十一期 CAD技能二级（三维几何建模师）考试试题

共7页 第1页

考试要求：新建文件夹（以考生考号+姓名命名），用于存放本次考试中生成的全部文件。（考试时间180分钟）

一、根据给定的投影尺寸建立台阶的实体模型，并以"台阶.dwg"为文件名保存到考生文件夹中。（10分）

平面图 1:50

正立面图 1:25

左侧立面图 1:25

二、根据给定的投影尺寸建立拱桥的实体模型，并以"拱桥.dwg"为文件名保存到考生文件夹中。桥拱上下表面的正立面及平面投影曲线均为圆弧。（15分）

正立面图 1:400

平面图 1:400

左侧立面图 1:200

三、根据给定投影图中桁架上弦杆、下弦杆和连接件的位置尺寸，建立桁架模型。并以"桁架.dwg"为文件名保存到考生文件夹中。(15分)

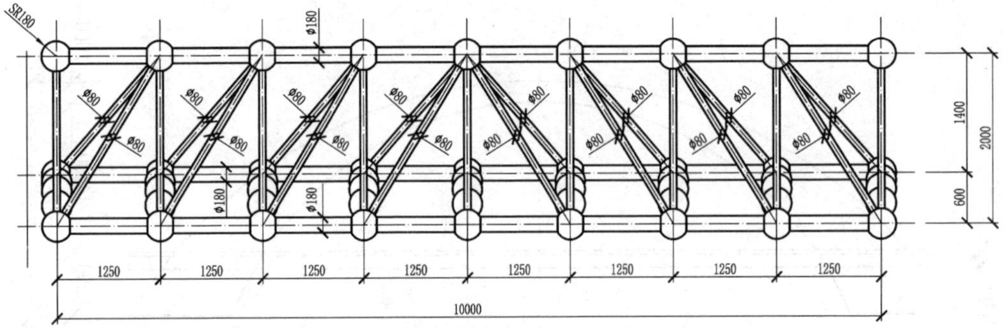

正立面图 1:50

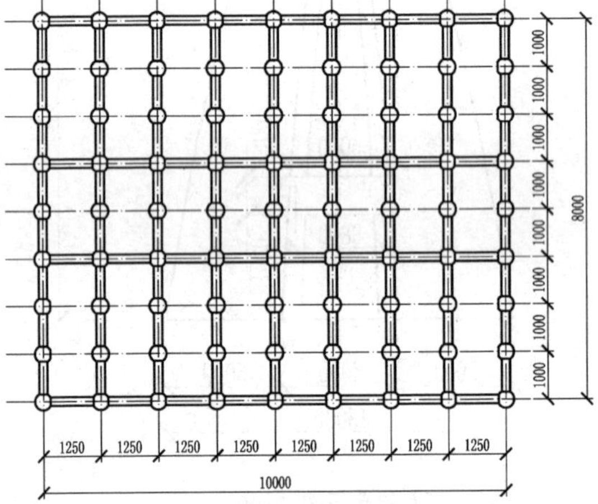

平面图 1:100

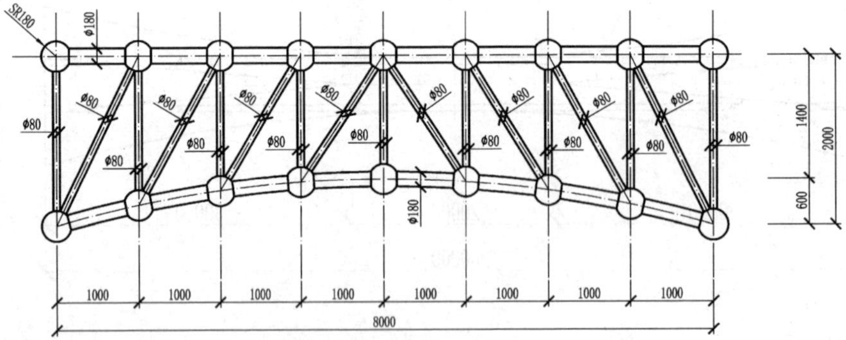

左侧立面图 1:50

四、根据给出的别墅施工图，按要求构建房屋模型，结果以"别墅.dwg"为文件名保存在考生文件夹下，并对模型进行渲染。

（1）已知建筑的外墙厚为240。按图中要求，建立建筑的外部模型。门、窗、阳台、应按图中给定尺寸建模。扶手高度为900。楼梯踢脚等图中未给出的其他细部尺寸参考图中自定。建筑内墙和屋内门窗不必建模。（44分）

（2）采用软件提供的材质及材质编辑器按要求为已建好的房屋模型的不同部位附着材质，外墙体采用红色墙面瓷砖，楼板、楼顶、台阶采用混凝土，门、窗采用白色塑钢，并且窗镶嵌玻璃，扶手采用木质，阳台采用深色花岗岩，栏杆采用钢材。（8分）

（3）在场景中添加强度为0.75，方向为南偏西30°，仰角为25°的平行光源，将其命名为"平行光"。（3分）

（4）将东、南立面进行三点透视投影。对视口进行渲染，设置绿色背景，以光线跟踪方式对建筑西、南立面渲染为640×480像素的BMP图像，结果以"建筑渲染.BMP"为文件名，保存在考生文件夹中。（5分）

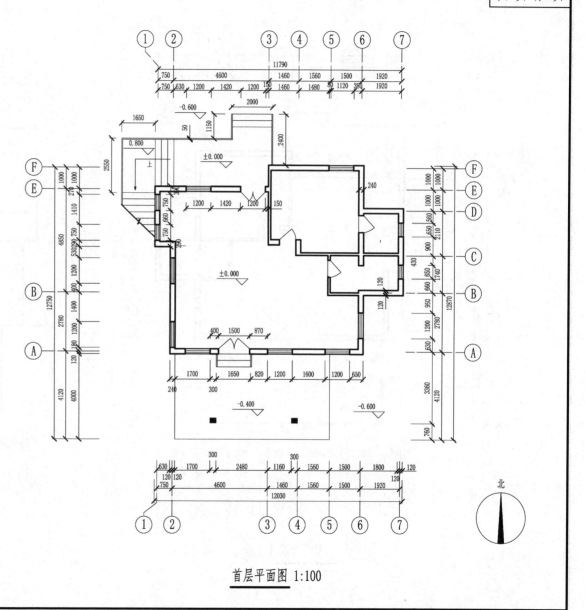

首层平面图 1:100

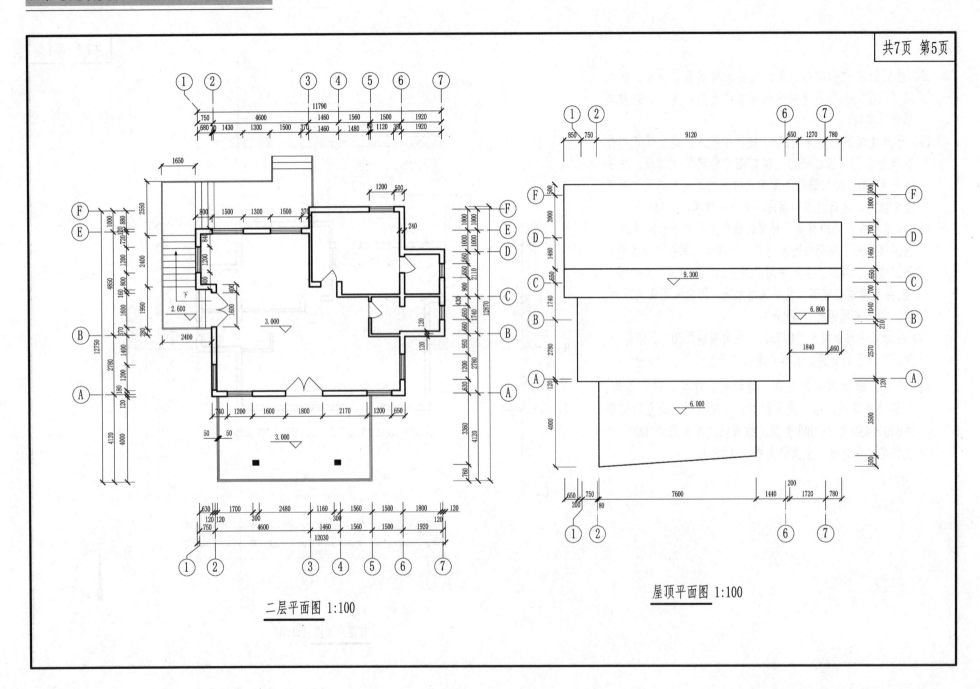

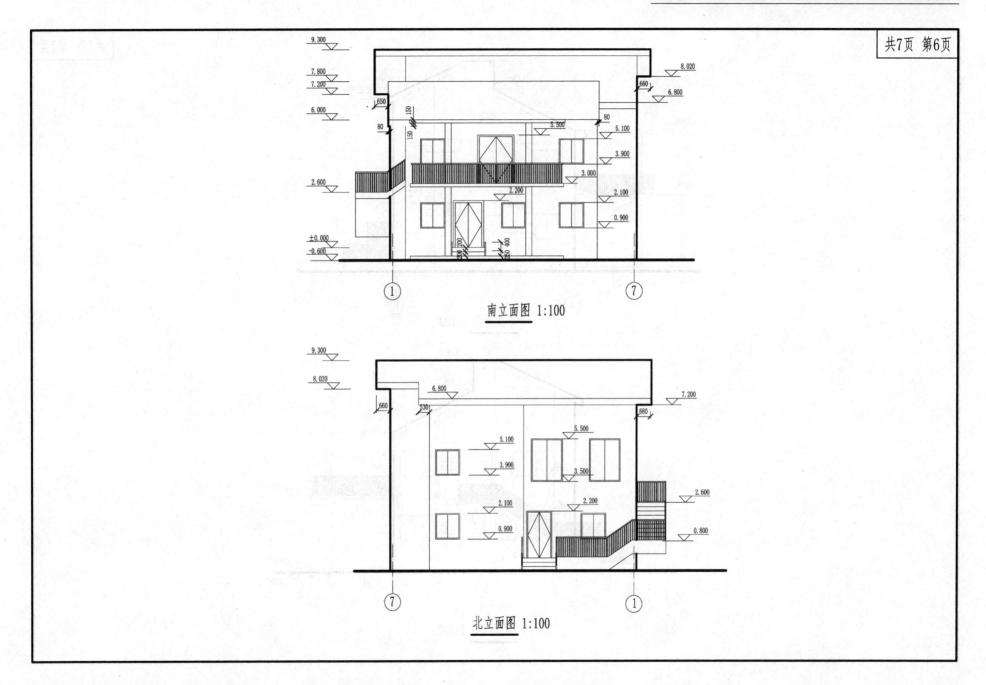

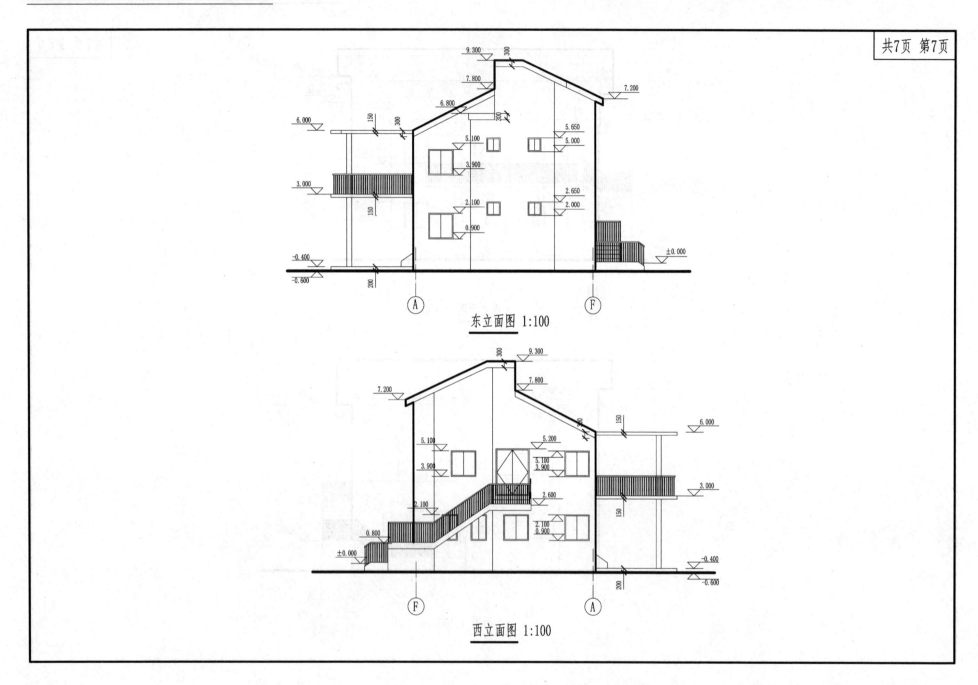

第十二期 CAD技能二级（三维几何建模师）考试试题

共6页 第1页

考试要求：新建文件夹（以考生考号+姓名命名），用于存放本次考试中生成的全部文件。（考试时间180分钟）

一、根据所示波纹钢腹板梁投影图及尺寸，建立其实体模型，结果以"波纹钢腹板梁.dwg"为文件名保存到考生文件夹中。（10分）

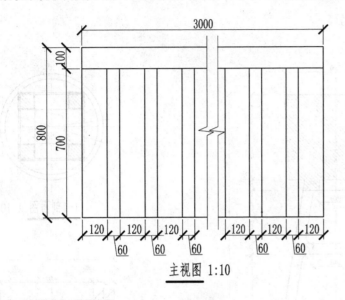

主视图 1:10

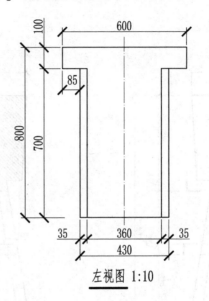

左视图 1:10

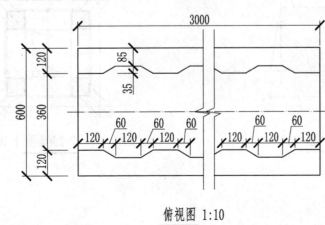

俯视图 1:10

二、根据给出的主视图与剖面图建立水塔的实体模型，结果以"水塔.dwg"为文件名保存到考生文件夹中。题目中，主视图内所有倒圆角半径均为300，且其中倾斜柱的左右主要轮廓线相互平行。（15分）

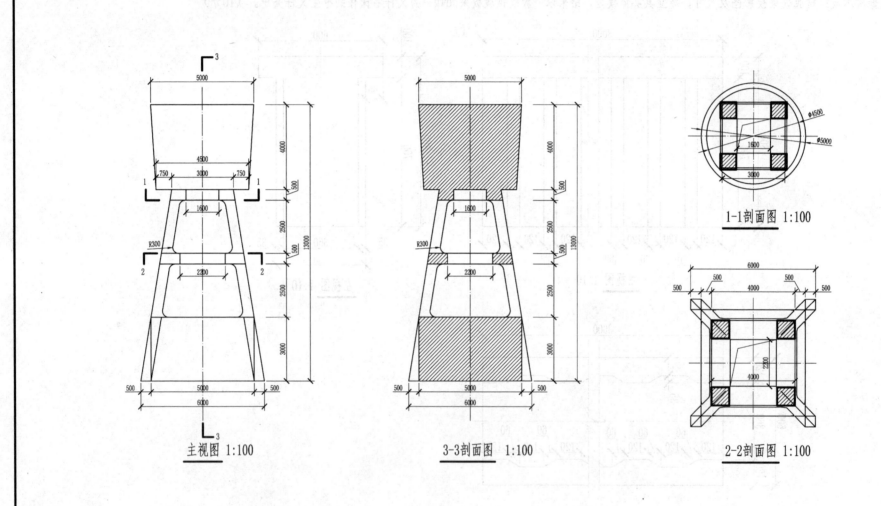

三、根据给出的标准三角锥网架的结构布置图，构建该网架的三维模型。结果以"网架.dwg"为文件名保存到考生文件夹中。题中杆件截面直径均为φ80、长度均为2000，节点球铰直径均为φ200。(15分)

标准三角锥网架布置图 1:50

1-1剖面图 1:50

基本单元透视图

四、根据给出的别墅施工图，按要求建立别墅模型，结果以"别墅.dwg"为文件名保存在考生文件夹下，并对模型进行渲染。

(1) 按图中要求，建立别墅的外部模型。外墙、外门窗、外廊等按图中尺寸建模。扶手等图中未标明的细部尺寸参考平、立面图自行确定。内墙、内门、楼梯、家具等内部模型不必建模。（40分）

(2) 采用软件提供的材质，按要求为已建好的房屋模型的不同部位附着材质：外墙体采用红色墙面瓷砖；屋顶采用瓦片；烟囱采用混凝土；门窗框采用白色塑钢，并为窗镶嵌玻璃；窗台、台阶采用深色花岗岩；外廊栏杆采用木制。（10分）

(3) 在场景中添加强度为0.75，方向角为120°，俯角为35°的平行光源，将其命名为"平行光"。（4分）

(4) 将东、南立面进行三点透视投影后。对视口进行渲染，设置绿色草地背景，以光线跟踪方式将东、南立面渲染成640×480的BMP图像，结果以"建筑渲染.BMP"为文件名，保存在文件夹中。（6分）

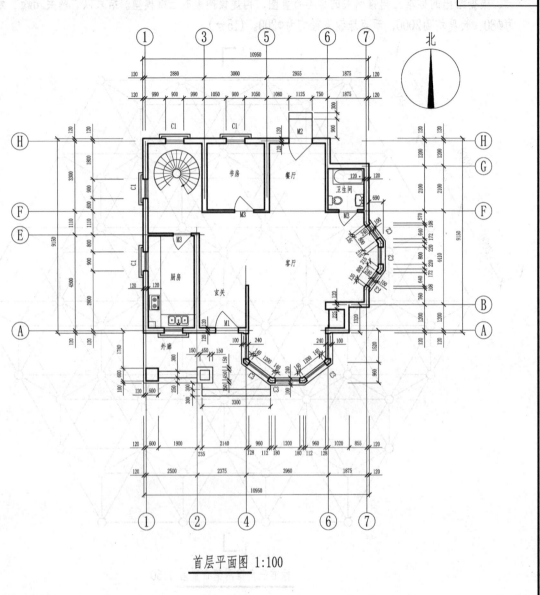

首层平面图 1:100

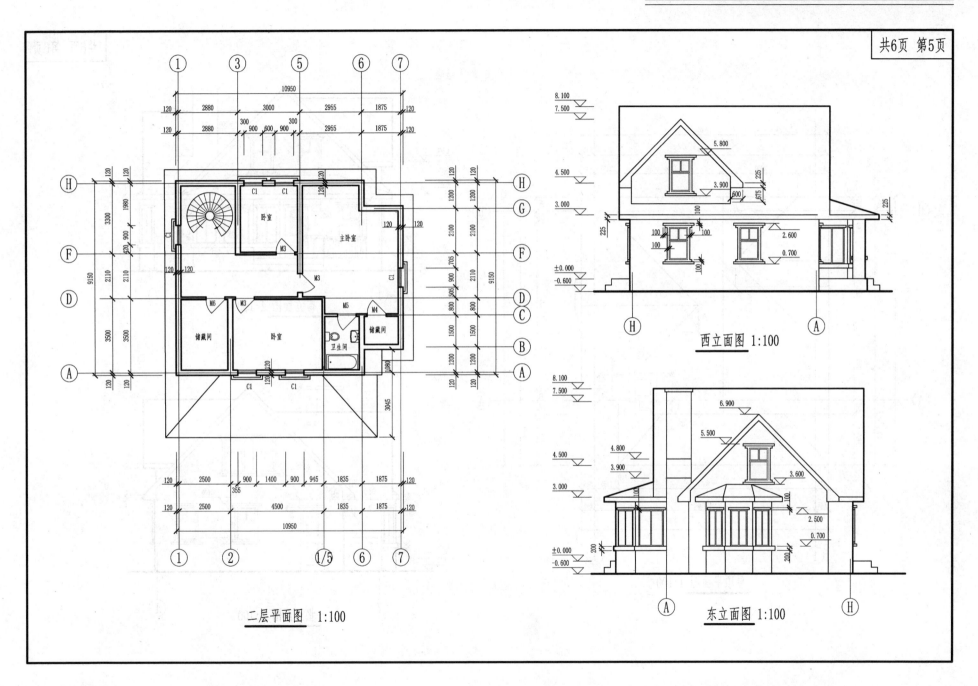

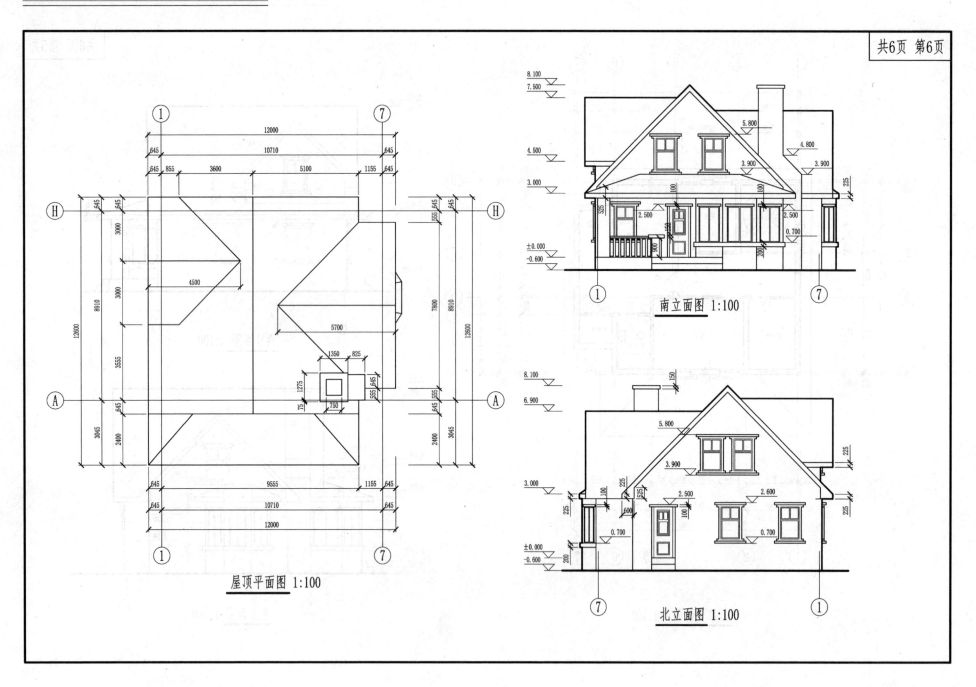

屋顶平面图 1:100

南立面图 1:100

北立面图 1:100

第 2 篇

CAD技能等级考试试题评分参考——土木与建筑类

第2篇

CADによる屋外空気環境評価法 —— 土木・建築法

第一期 CAD 技能一级(计算机绘图师)试题参考评分标准

1. 本试卷共 4 题。试题难度,依据《CAD 技能等级考评大纲》要求。
2. 考生在考评员指定的位置建立一个以自己准考证号码和姓名结合命名的图形文件,然后按题目要求作图,并将绘图结果存入该文件中;确保文件已保存,否则不得分。
3. 考试时间为 180 分钟。

以下给出评分标准。

试题一、绘制图幅。(15 分)

具体分值分配如下:

(1) 按照以下规定设置图层及线型(5 分)。

其中:每个图层的图层名、颜色、线型、线宽均按要求设置正确得 1 分,共设置 5 个图层。

(2) 采用 1∶1 的比例绘制 A2 幅面(5 分)。

其中:A2 图纸幅面(420×594)细边框,以及用细实线划分出左侧一个 A3 幅面(420×297),右侧上下两个 A4 幅面(297×210)(1 分),三个图幅的图框线(装订边 25,粗实线)(1 分),左侧 A3 幅面标题栏(2 分),右上方 A4 幅面标题栏(1 分)。

(3) 设置文字样式,在标题栏内填写文字(5 分)。

其中:按国家标准的有关规定设置文字样式(2 分),在标题栏中正确填写文字(3 分)。

试题二、绘制立体交叉公路平面图并标注尺寸,比例 1∶100。(25 分)

具体分值分配如下:

(1) 比例(2 分)。

(2) 图形绘制正确(10 分)。

其中:圆弧连接正确(6 分),其余(4 分)。

(3) 图线正确(5 分)。

(4) 尺寸标注(8 分)。

试题三、采用 1∶1 的比例抄绘组合体两面投影图,并在侧面投影的位置完成 1—1 剖面图。全图不标尺寸,断面材料为混凝土。(20 分)

具体分值分配如下:

(1) 抄绘组合体两视图占(10 分)。

其中:正面图(5 分),平面图(5 分)。

(2) 1—1 剖面图(10 分)。

其中:图形正确(8 分),填充材料符号(2 分)。

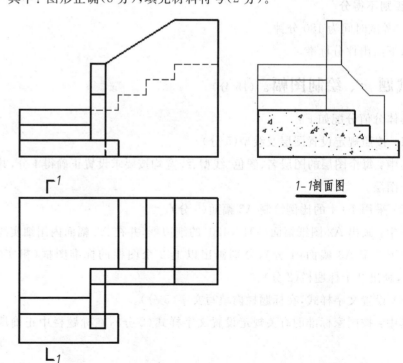

试题四、绘制建筑平面图。(40 分)

具体分值分配如下：

(1) 比例(5 分)。

(2) 平面图绘制(15 分)。

(3) 尺寸标注(10 分)。

尺寸标注要素应符合国家房屋建筑制图相关标准,数值正确。其中:外部尺寸(6 分),内部尺寸及标高(4 分)。

(4) 图线(5 分)。

(5) 字体(5 分)。

第二期 CAD 技能一级(计算机绘图师)试题参考评分标准

1. 本试卷共 4 题。试题难度,依据《CAD 技能等级考评大纲》要求。

2. 考生在考评员指定的位置建立一个以自己准考证号码和姓名结合命名的图形文件,然后按题目要求作图,并将绘图结果存入该文件中;**确保文件已保存,否则不得分**。

3. 考试时间为 180 分钟。

以下给出评分标准。

试题一、绘制图幅。(15 分)

具体分值分配如下：

(1) 按照规定设置图层及线型(5 分)。

其中:每个图层的图层名、颜色、线型、线宽均按要求设置正确得 1 分,共设置 5 个图层。

(2) 采用 1∶1 的比例绘制 A2 幅面(5 分)。

其中:画出 A2 图纸幅面(594×420)的细边框,并在 A2 幅面内用细实线划分出上下 2 个 A3 幅面(1 分),分别画出以上 2 个图幅的标准图框(粗实线)(2 分),画出 2 个标题栏(2 分)。

(3) 设置文字样式,在标题栏内填写文字(5 分)。

其中:按国家标准的有关规定设置文字样式(2 分),在标题栏中正确填写文字(3 分)。

试题二、绘制平面图形并标注尺寸,比例 1∶1。(25 分)

具体分值分配如下：

(1) 比例(2 分)。

(2) 图形(10 分)。

(3) 图线(5 分)。

(4) 尺寸标注(8 分)。

试题三、采用 1∶20 的比例抄绘组合体的正面投影和水平投影,并将侧面投影改画为 1—1 剖面图。全图不标注尺寸,断面材料为混凝土。(20 分)

具体分值分配如下：

(1) 抄绘组合体两视图(10 分)。

其中:正面投影图(5 分),水平投影图(5 分)。

(2) 1—1 剖面图(10 分)。

其中:图形正确(8 分),填充材料符号(2 分)。

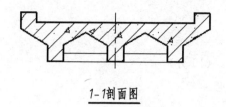

1-1 剖面图

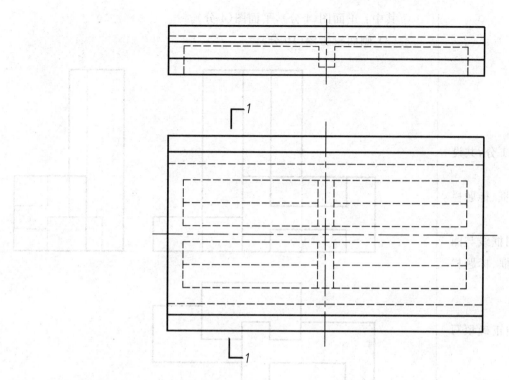

试题四、绘制建筑工程图。(40分)

具体分值分配如下：
(1) 平面图(20分)。
其中：比例(2分)，图形(5分)，尺寸标注(6分)，图线(5分)，字体(2分)。
(2) 立面图(10分)。

其中：比例(1分)，图形(4分)，尺寸标注(3分)，图线(1分)，字体(1分)。
(3) 剖面图(10分)。
其中：比例(1分)，图形(4分)，尺寸标注(3分)，图线(2分)。

注意：尺寸标注要素及各种标注符号应符合国家房屋建筑制图相关标准，数值正确。

第三期CAD技能一级(计算机绘图师)试题参考评分标准

1. 本试卷共4题。试题难度，依据《CAD技能等级考评大纲》要求。
2. 考生在考评员指定的位置建立一个以自己准考证号码和姓名结合命名的图形文件，然后按题目要求作图，并将绘图结果存入该文件中；**确保文件已保存，否则不得分**。

3. 考试时间为180分钟。

以下给出评分标准。

试题一、绘制图幅。(15分)

具体分值分配如下:

(1) 按照以下规定设置图层及线型(5分)。

其中:每个图层的图层名、颜色、线型、线宽均按要求设置正确得1分,共设置5个图层。

(2) 采用1:1的比例绘制三个A3幅面(5分)。应注意图幅、图框、标题栏的线宽要求应符合国家标准。

其中:正确绘制出左侧的A3图幅、图框,应注意不画装订边时图框线与图幅边线的距离应为10mm(2分)。正确绘制出右侧两个A3图幅、图框、标题栏(3分)。

(3) 设置文字样式,在标题栏内填写文字(5分)。

其中:按国家标准的有关规定设置文字样式(2分),在标题栏中正确填写文字(3分)。

试题二、绘制花格图形并标注尺寸,比例1:1。(25分)

具体分值分配如下:

(1) 图形绘制正确(15分)。

其中:圆弧连接正确(10分),其余(5分)。

(2) 图线正确(3分)。

(3) 尺寸标注(7分)。

试题三、采用1:10的比例抄绘组合体的两面投影图,并求画侧面投影图。全图不标注尺寸。(20分)

具体分值分配如下:

(1) 比例正确(2分)。

(2) 抄绘组合体两面投影图(8分)。

其中:正面图(4分),平面图(4分)。

(3) 侧面投影图(10分)。

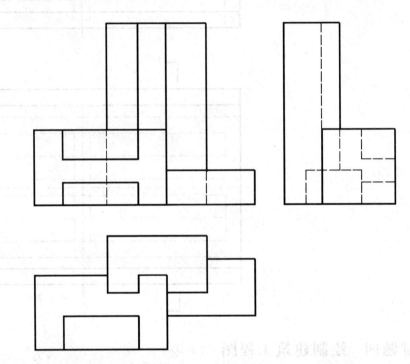

试题四、绘制楼梯详图。(40分)

具体分值分配如下:

(1) 比例(5分)。

(2) 正确抄绘1—1剖面图(含标注)(15分)。

(3) 正确求画出二层楼梯平面图(含标注)(10分),顶层楼梯平面图(含标注)(10分)。

注意:尺寸标注要素及各种标注符号应符合国家房屋建筑制图相关标准,数值正确。

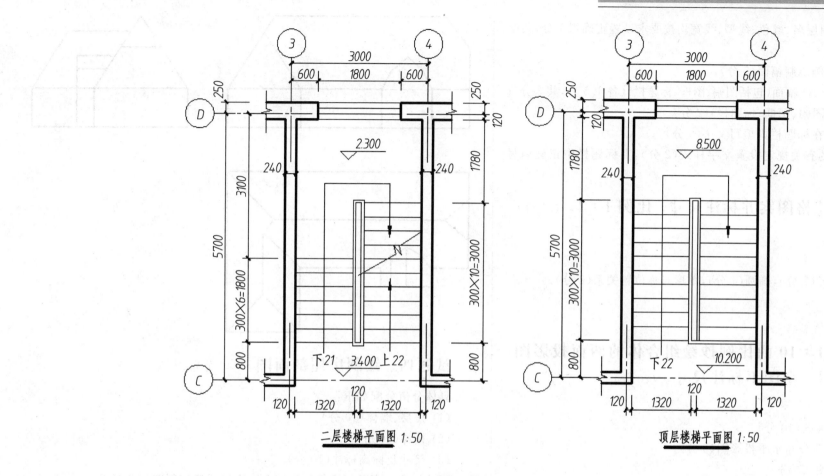

二层楼梯平面图 1:50　　　　顶层楼梯平面图 1:50

第四期 CAD 技能一级（计算机绘图师）试题参考评分标准

1. 本试卷共 4 题。试题难度，依据《CAD 技能等级考评大纲》要求。
2. 考生在考评员指定的位置建立一个以自己准考证号码和姓名结合命名的图形文件，然后按题目要求作图，并将绘图结果存入该文件中；**确保文件已保存，否则不得分**。
3. 考试时间为 180 分钟。

以下给出评分标准。

试题一、绘制图幅。(15 分)

具体分值分配如下：

(1) 按照以下规定设置图层及线型(5 分)。

其中：每个图层的图层名、颜色、线型、线宽均按要求设置正确得1分，共设置5个图层。

(2) 采用1∶1的比例绘制幅面(5分)。

其中：绘制左侧两个A4幅面(包括图幅、图框、标题栏)(各1.5分，共3分)；绘制右侧A3幅面(包括图幅、图框、标题栏)(2分)。

(3) 设置文字样式，在标题栏内填写文字(5分)。

其中：按国家标准的有关规定设置文字样式(2分)，在标题栏中正确填写文字(3分)。

试题二、绘制花格图案并标注尺寸，比例1∶1。(25分)

具体分值分配如下：

(1) 图形(13分)。

其中：圆弧连接图形(7分)，椭圆(4分)，图形对称位置关系(2分)。

(2) 图线(4分)。

(3) 尺寸标注(8分)。

试题三、采用1∶10的比例抄绘组合体的两面投影图，并求画侧面投影图。全图不标注尺寸。(20分)

具体分值分配如下：

(1) 抄绘组合体两视图(10分)。

其中：正面投影图(5分)，水平投影图(5分)。

(2) 求画侧面投影图(10分)。

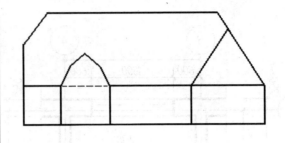
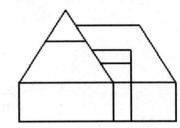
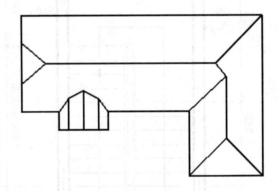

试题四、绘制房屋剖面图。(40分)

具体分值分配如下：

(1) 楼层、墙体(10分)。

(2) 楼梯(10分)。

(3) 尺寸及标高标注(10分)。

尺寸标注要素及标高符号应符合国家房屋建筑制图相关标准，数值正确。

(4) 图线、比例、文字(10分)。

第五期CAD技能一级(计算机绘图师)试题参考评分标准

1. 本试卷共4题。试题难度，依据《CAD技能等级考评大纲》要求。
2. 考生在考评员指定的位置建立一个以自己准考证号码和姓名结合命名的图形文件，然后按题目要求作图，并将绘图结果存入该文件中；**确保文件已保存，否则不得分**。

3. 考试时间为 180 分钟。

以下给出评分标准。

试题一、绘制图幅。(15 分)

具体分值分配如下：

(1) 按照以下规定设置图层及线型(5 分)。

其中：每个图层的图层名、颜色、线型、线宽均按要求设置正确得 1 分，共设置 5 个图层。

(2) 采用 1∶1 的比例绘制幅面(5 分)。

其中：正确绘制出上方 A3 图幅、图框、标题栏(2.5 分)；正确绘制出下方 A3 图幅、图框、标题栏(2.5 分)。

(3) 设置文字样式，在标题栏内填写文字(5 分)。

其中：按国家标准的有关规定设置文字样式(2 分)，在标题栏中正确填写文字(3 分)。

试题二、绘制花格图形并标注尺寸，比例 1∶1。(20 分)

具体分值分配如下：

(1) 图形(12 分)。

其中：圆弧连接(8 分)，图形对称位置关系(4 分)。

(2) 图线(3 分)。

(3) 尺寸标注(5 分)。

试题三、采用 1∶1 的比例抄绘组合体的三面投影图，并求画 1—1 剖面图和 2—2 剖面图。全图不标注尺寸，断面材料为普通砖。(25 分)

具体分值分配如下：

(1) 抄绘组合体三面图(9 分)。

其中：正面投影图(3 分)，水平投影图(3 分)，侧面图(3 分)。

(2) 求画 1—1 剖面图(10 分)。

(3) 求画 2—2 剖面图(6 分)。

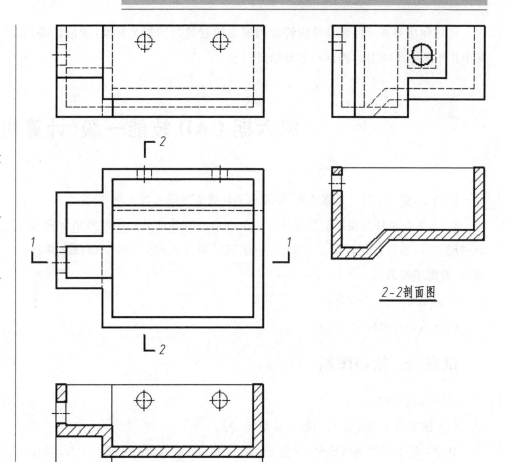

2-2 剖面图

1-1 剖面图

试题四、绘制建筑平面图(40 分)

具体分值分配如下：

(1) 比例(5 分)。

(2) 平面图绘制(15 分)。

(3) 尺寸标注(10 分)。

尺寸标注要素及标高符号应符合国家房屋建筑制图相关标准,数值正确。其中:外部尺寸(6分),内部尺寸及标高(4分)。

(4) 图线(5分)。

(5) 字体(5分)。

第六期CAD技能一级(计算机绘图师)试题参考评分标准

1. 本试卷共4题。试题难度,依据《CAD技能等级考评大纲》要求。
2. 考生在考评员指定的位置建立一个以自己准考证号码和姓名结合命名的图形文件,然后按题目要求作图,并将绘图结果存入该文件中;确保文件已保存,否则不得分。
3. 考试时间为180分钟。

以下给出评分标准。

试题一、绘制图幅。(15分)

具体分值分配如下:

(1) 按照以下规定设置图层及线型(5分)。

其中:每个图层的图层名、颜色、线型、线宽均按要求设置正确得1分,共设置5个图层。

(2) 采用1∶1的比例绘制幅面(5分)。

其中:正确绘制上方两个A4图幅、图框、标题栏(3分),正确绘制下方A2图幅(2分)。

(3) 设置文字样式,在标题栏内填写文字(5分)。

其中:按国家标准的有关规定设置文字样式(2分),在标题栏中正确填写文字(3分)。

试题二、绘制平面图形并标注尺寸,比例1∶1。(20分)

具体分值分配如下:

(1) 图形(11分)。

其中:圆弧连接部分(8分),其他部分(3分)。

(2) 图线(2分)。

(3) 尺寸标注(7分)。

试题三、采用1∶1的比例抄绘组合体的两面投影图,并在指定位置求画1—1、2—2剖面图。全图不标注尺寸,断面材料为普通砖。(25分)

具体分值分配如下:

(1) 抄绘组合体两面投影图(8分)。

其中:正面投影图(4分),水平投影图(4分)。

(2) 求画1—1剖面图(10分)。

(3) 求画2—2剖面图(7分)。

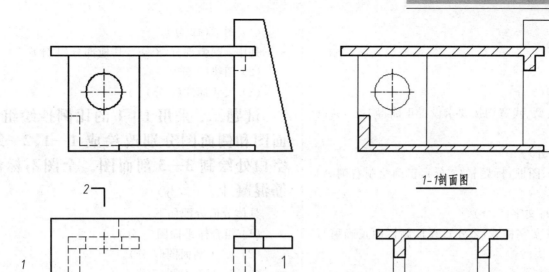

1-1剖面图

2-2剖面图

试题四、绘制建筑平面图。(40分)

具体分值分配如下：

(1) 比例(4分)。

(2) 平面图绘制(20分)。

其中：圆弧部分平面(10分)，其他(10分)。

(3) 尺寸及其他标注(12分)。

尺寸标注要素及标高符号应符合国家房屋建筑制图相关标准，数值正确。

其中：外部尺寸及轴线标注(7分)；内部尺寸、标高及其他标注(5分)。

(4) 图线(4分)。

第七期 CAD 技能一级(计算机绘图师)试题参考评分标准

1. 本试卷共4题。试题难度，依据《CAD技能等级考评大纲》要求。

2. 考生在考评员指定的位置建立一个以自己<u>准考证号码和姓名</u>结合命名的图形文件，然后按题目要求作图，并将绘图结果存入该文件中；<u>确保文件已保存，否则不得分</u>。

3. 考试时间为180分钟。

以下给出评分标准。

试题一、绘制图幅。(15分)

具体分值分配如下:

(1) 按照以下规定设置图层及线型(5分)。

其中:每个图层的图层名、颜色、线型、线宽均按要求设置正确得1分,共设置5个图层。

(2) 采用1:1的比例绘制幅面(5分)。

其中:正确绘制左侧两个A4图幅、图框、标题栏(3分),正确绘制右侧A3图幅(2分)。

(3) 设置文字样式,在标题栏内填写文字(5分)。

其中:按国家标准的有关规定设置文字样式(2分),在标题栏中正确填写文字(3分)。

试题二、绘制蹲便器平面详图并标注尺寸,比例1:5。(20分)

具体分值分配如下:

(1) 图形(12分)。

其中:圆弧部分(8分),其他部分(4分)。

(2) 图线(2分)。

(3) 尺寸标注(6分)。

试题三、采用1:1的比例抄绘组合体的平面图,将正立面图和侧面图分别改绘成1—1、2—2剖面图,并在右下角空白处绘制3—3剖面图。全图不标注尺寸,断面材料为钢筋混凝土。(25分)

具体分值分配如下:

(1) 组合体平面图(4分)。

(2) 1—1剖面图(7分)。

(3) 2—2剖面图(7分)。

(4) 3—3剖面图(7分)。

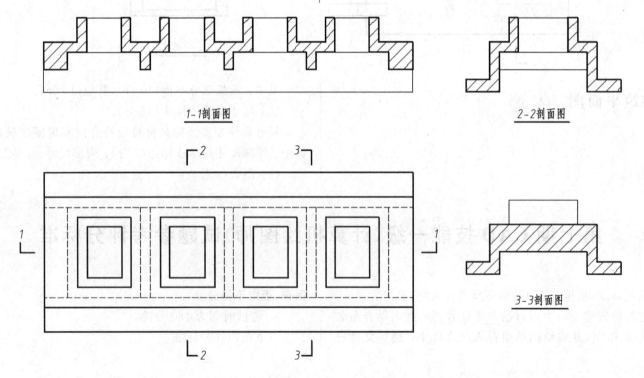

试题四、绘制建筑平面图。(40 分)

具体分值分配如下：

(1) 平面图绘制(20 分)。

其中：蹲便器插入位置、比例正确(5 分)，其余部分图形绘制正确(15 分)。

(2) 尺寸及其他标注(10 分)。

尺寸标注要素及标高符号应符合国家房屋建筑制图相关标准，数值正确。其中：外部尺寸及其他标注(5 分)；内部尺寸及其他标注(5 分)。

(3) 图线(5 分)。

(4) 比例(5 分)。

第八期 CAD 技能一级(计算机绘图师)试题参考评分标准

1. 本试卷共 4 题。试题难度，依据《CAD 技能等级考评大纲》要求。

2. 考生在考评员指定的位置建立一个以自己准考证号码和姓名结合命名的图形文件，然后按题目要求作图，并将绘图结果存入该文件中；确保文件已保存，否则不得分。

3. 考试时间为 180 分钟。

以下给出评分标准。

试题一、绘制图幅。(15 分)

具体分值分配如下：

(1) 按照以下规定设置图层及线型(5 分)。

其中：每个图层的图层名、颜色、线型、线宽均按要求设置正确得 1 分，共设置 5 个图层。

(2) 采用 1∶1 的比例绘制幅面(5 分)。

其中：正确绘制左侧两个 A4 图幅、图框、标题栏(3 分)，正确绘制右侧 A3 图幅(2 分)。

(3) 设置文字样式，在标题栏内填写文字(5 分)。

其中：按国家标准的有关规定设置文字样式(2 分)，在标题栏中正确填写文字(3 分)。

试题二、绘制平面图形并标注尺寸，比例 1∶1。(20 分)

具体分值分配如下：

(1) 图形(10 分)。

其中：圆弧部分(7 分)，其他部分(3 分)。

(2) 图线(3 分)。

(3) 尺寸标注(7 分)。

试题三、采用 1∶1 的比例抄绘组合体的三面投影图，并求画 1—1 剖面图和 2—2 剖面图。全图不标注尺寸，断面材料为普通砖。(25 分)

具体分值分配如下：

(1) 组合体的三面投影图(7 分)。

(2) 1—1 剖面图(9 分)。

(3) 2—2 剖面图(9 分)。

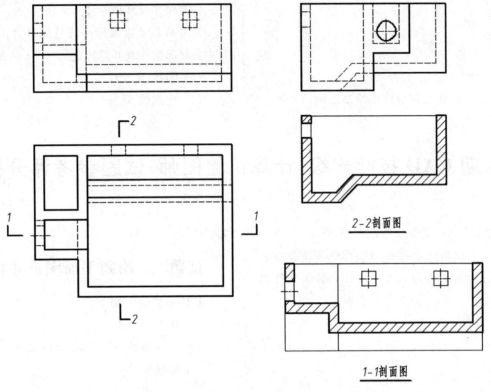

试题四、绘制建筑平面图。(40 分)

具体分值分配如下：

(1) 图形(13 分)。

(2) 图线(5 分)。

(3) 比例(5 分)。

(4) 尺寸及标高(7 分)。

尺寸标注要素及标高符号应符合国家房屋建筑制图相关标准，数值正确。

(5) 轴线、指北针等符号(5 分)。

(6) 文字(5 分)。

第九期 CAD 技能一级(计算机绘图师)试题参考评分标准

1. 本试卷共 4 题。试题难度，依据《CAD 技能等级考评大纲》要求。
2. 考生在考评员指定的位置建立一个以自己准考证号码和姓名结合命名的图形文件，然后按题目要求作图，并将绘图结果存入该文件中；**确保文件已保存**，否则不得分。

3. 考试时间为 180 分钟。

以下给出评分标准。

试题一、绘制图幅。(15 分)

具体分值分配如下:

(1) 按照以下规定设置图层及线型(5 分)。

其中:每个图层的图层名、颜色、线型、线宽均按要求设置正确得 1 分,共设置 5 个图层。

(2) 采用 1:1 的比例绘制幅面(5 分)。

其中:正确绘制左侧两个 A4 图幅、图框、标题栏(3 分),正确绘制右侧 A3 图幅(2 分)。

(3) 设置文字样式,在标题栏内填写文字(5 分)。

其中:按国家标准的有关规定设置文字样式(2 分),在标题栏中正确填写文字(3 分)。

试题二、绘制平面图形并标注尺寸,比例 1:1。(20 分)

具体分值分配如下:

(1) 图形(10 分)。

(2) 图线(5 分)。

(3) 尺寸标注(5 分)。

试题三、采用 1:1 的比例抄绘组合体的三面投影图,并求画 1—1 剖面图。全图不标注尺寸,断面材料为普通砖。(25 分)

具体分值分配如下:

(1) 组合体的三面投影图(12 分)。

(2) 1—1 剖面图(13 分)。

其中:图形及标注(10 分),材料填充(3 分)。

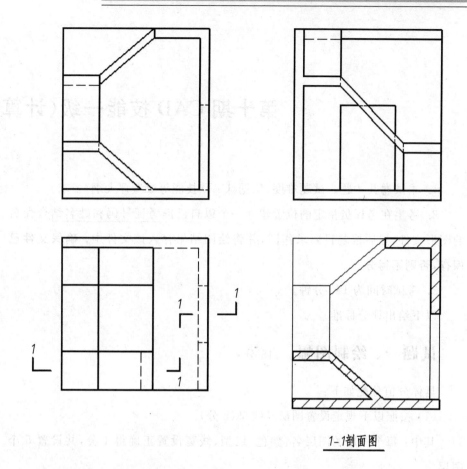

1—1 剖面图

试题四、绘制建筑平面图。(40 分)

具体分值分配如下:

(1) 图形(15 分)。

(2) 图线(5 分)。

(3) 比例(3 分)。

(4) 尺寸及标高(7 分)。

尺寸标注要素及标高符号应符合国家房屋建筑制图相关标准,数值正确。

(5) 轴线、指北针等符号(5 分)。

(6) 文字(5 分)。

第十期 CAD 技能一级(计算机绘图师)试题参考评分标准

1. 本试卷共 4 题。试题难度,依据《CAD 技能等级考评大纲》要求。
2. 考生在考评员指定的位置建立一个以自己<u>准考证号码和姓名结合</u>命名的图形文件,然后按题目要求作图,并将绘图结果存入该文件中;**确保文件已保存,否则不得分**。
3. 考试时间为 180 分钟。

以下给出评分标准。

试题一、绘制图幅。(15分)

具体分值分配如下:

(1) 按照以下规定设置图层及线型(5分)。

其中:每个图层的图层名、颜色、线型、线宽设置正确得1分,共设置5个图层。

(2) 采用 1:1 的比例绘制幅面(5分)。

(3) 设置文字样式,在标题栏内填写文字(5分)。

其中:按国标的有关规定设置文字样式(2分),在标题栏中正确填写文字(3分)。

试题二、绘制平面图形并标注尺寸,比例 1:1。(25分)

具体分值分配如下:

(1) 图形(15分)。

(2) 图线(5分)。

(3) 尺寸标注(5分)。

试题三、采用 1:1 的比例抄绘楼梯平台梁的两面投影图,并求画其水平投影图及 1—1、2—2、3—3 断面图。全图不标注尺寸,断面材料为钢筋混凝土。(20分)

具体分值分配如下:

(1) 抄绘楼梯平台梁的两面投影图(3分)。

(2) 楼梯平台梁的水平投影图(5分)。

(3) 1—1 断面图(4分),2—2 断面图(4分),3—3 断面图(4分)。

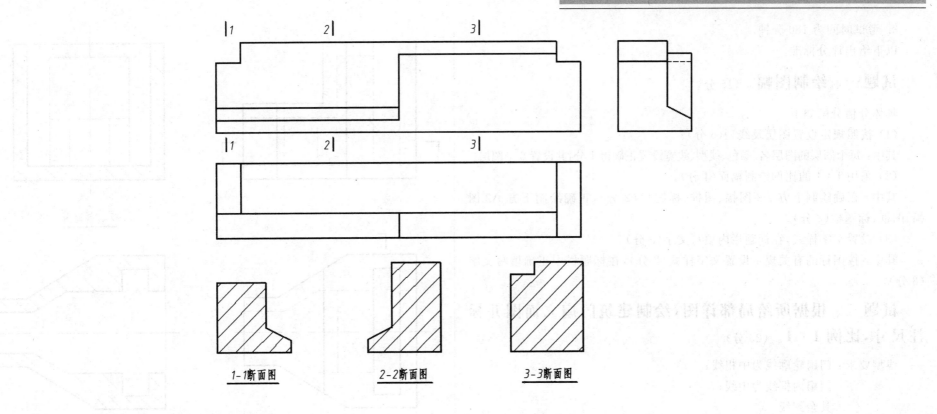

1—1断面图　　2—2断面图　　3—3断面图

试题四、绘制建筑平面图。(40分)

具体分值分配如下：

(1) 图形(15分)。

(2) 图线(5分)。

(3) 比例(3分)。

(4) 尺寸标注(7分)。

尺寸标注要素及标高符号应符合国家房屋建筑制图相关标准,数值正确。

(5) 轴线、指北针、标高、剖切符号、箭头等符号(5分)。

(6) 文字(5分)。

第十一期 CAD 技能一级(计算机绘图师)试题参考评分标准

1. 本试卷共 4 题。试题难度,依据《CAD 技能等级考评大纲》要求。

2. 考生在考评员指定的位置建立一个以自己<u>准考证号码和姓名结合命名</u>的图形文件,然后按题目要求作图,并将绘图结果存入该文件中;**确保文件已保存,否则不得分**。

3. 考试时间为180分钟。

以下给出评分标准。

试题一、绘制图幅。(15分)

具体分值分配如下：

(1) 按照规定设置图层及线型(6分)。

其中：每个图层的图层名、颜色、线型、线宽设置正确得1分，共设置6个图层。

(2) 采用1∶1的比例绘制幅面(4分)。

其中：正确绘制上方A2图幅、图框、标题栏(2分)，正确绘制下方A2图幅、图框、标题栏(2分)。

(3) 设置文字样式，在标题栏内填写文字(5分)。

其中：按国标的有关规定设置文字样式(2分)，在标题栏中正确填写文字(3分)。

试题二、根据所给局部详图，绘制建筑门扇立面图并标注尺寸，比例1∶1。(25分)

线型要求：门扇轮廓线为中粗线；
　　　　　门扇内框线为中线；
　　　　　其余细线。

具体分值分配如下：

(1) 图形(15分)。

(2) 图线(5分)。

(3) 尺寸标注(5分)。

试题三、采用1∶1的比例抄绘组合体的两面投影图，并求画其1—1、2—2剖面图。全图不标注尺寸，断面材料为普通砖。(20分)

具体分值分配如下：

(1) 抄绘组合体的两面投影图(8分)。

(2) 1—1剖面图(6分)。

(3) 2—2剖面图(6分)。

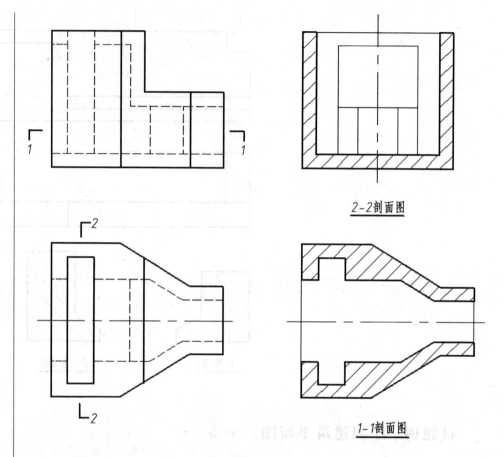

试题四、绘制建筑平面图。(40分)

具体分值分配如下：

(1) 图形(20分)。

(2) 图线(5分)。

(3) 比例(2分)。

(4) 尺寸标注(7分)。

尺寸标注要素应符合国家房屋建筑制图相关标准，数值正确。

(5) 轴线、指北针、标高、剖切符号、箭头等符号(4分)。

(6) 文字(2分)。

第十二期 CAD 技能一级(计算机绘图师)试题参考评分标准

1. 本试卷共 4 题。试题难度,依据《CAD 技能等级考评大纲》要求。
2. 考生在考评员指定的位置建立一个以自己准考证号码和姓名结合命名的图形文件,然后按题目要求作图,并将绘图结果存入该文件中;确保文件已保存,否则不得分。
3. 考试时间为 180 分钟。

以下给出评分标准。

试题一、绘制图幅。(15 分)

具体分值分配如下:
(1) 按照规定设置图层及线型(6 分)。
其中:每个图层的图层名、颜色、线型、线宽设置正确得 1 分,共设置 6 个图层。
(2) 采用 1:1 的比例绘制幅面(4 分)。
其中:正确绘制上方 A2 图幅、图框、标题栏(3 分),正确绘制下方 A2 图幅(1 分)。
(3) 设置文字样式,在标题栏内填写文字(5 分)。
其中:按国标的有关规定设置文字样式(2 分),在标题栏中正确填写文字(3 分)。

试题二、绘制建筑窗扇立面图并标注尺寸(装饰构件见详图),比例 1:1。(25 分)

线型要求:窗扇轮廓线为中粗线,窗扇内框线为中线,其余细线。

具体分值分配如下:
(1) 图形(15 分)。
(2) 图线(5 分)。
(3) 尺寸标注(5 分)。

试题三、采用 1:1 比例抄绘组合体三面投影图,并在指定位置求画 1—1、2—2 剖面图。全图不标注尺寸,断面部分材料为普通砖。(20 分)

具体分值分配如下:
(1) 抄绘组合体的三面投影图(8 分)。
(2) 1—1 剖面图(6 分)。
(3) 2—2 剖面图(6 分)。

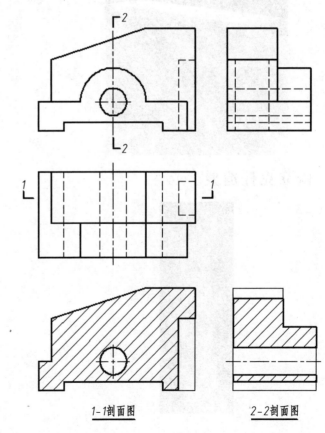

1-1剖面图　　2-2剖面图

试题四、绘制建筑平面图。(40 分)

具体分值分配如下:
(1) 图形(20 分)。
(2) 图线(5 分)。
(3) 比例(2 分)。
(4) 尺寸标注(8 分)。
尺寸标注要素应符合国家房屋建筑制图相关标准,数值正确。
(5) 轴号、标高、箭头等符号(3 分)。
(6) 文字(2 分)。

第一期 CAD 技能二级(三维几何建模师)试题参考评分标准

一、花墙造型。(15 分)

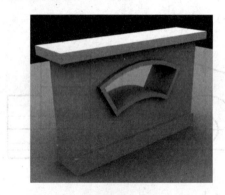

上檐:3 分	形体及尺寸:2 分;与墙体的相对位置:1 分
墙体:4 分	勒脚:2 分;其他:2 分
花窗:8 分	形体:4 分;尺寸:2 分;与墙体相对位置:2 分

二、陶立克柱造型。(10 分)

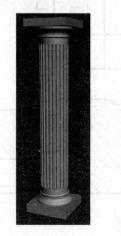

柱帽:1 分	形体及尺寸
柱基座:1 分	形体及尺寸
柱体:8 分	中段拉伸部分:平面图尺寸 2 分,生成形体 1 分; 两端回转体部分:平面图 3 分,生成形体 1 分;构成柱体:1 分。

三、生成次桁架 CHJ7 的立体模型。(15分)

上弦杆：5分	横杆形体及尺寸：1分；纵杆形体及尺寸：1分；相对位置及连接：3分
斜腹杆：8分	杆形体及尺寸：1分；相对位置及连接：7分
下弦杆：2分	形体及尺寸：1分；位置：1分

四、根据给出的建筑施工图，按要求构建房屋模型，并进行渲染。(60分)

建模 (40分)	屋檐：8分	断面尺寸及形状：3分；拉伸路径及生成：4分；与墙身的相对位置：1分
	阳台：5分	尺寸：1分；形体及位置：4分
	窗：7分	每个1分
	门：4分	每个2分
	墙体：6分	北立面：F轴2分；E轴1分。东立面：7、8、9轴各1分
	散水：4分	尺寸：2分；形体及位置：2分
	坡道：3分	尺寸：1分；形体及位置：2分
	通风口：3分	尺寸：1分；形体及位置：2分
附着材质 (10分)	檐口：1分	
	墙体：3分	颜色1分；纹理2分
	散水：3分	颜色1分；纹理2分
	门、窗：1分	
	玻璃：2分	
设置光线 (5分)	强度：2分	
	角度：3分	
渲染图像 (5分)	背景设置：1分	
	尺寸设置：1分	
	透视效果：3分	

第二期 CAD 技能二级(三维几何建模师)试题参考评分标准

一、台阶模型。(10 分)

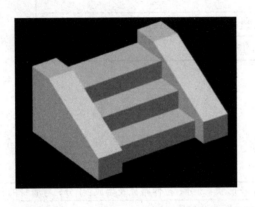

两侧挡板：4 分	形体及尺寸：2 分； 相对位置：2 分
中间台阶：6 分	台阶形体及尺寸：4.5 分； 相对位置：1.5 分

二、栏杆模型。(15 分)

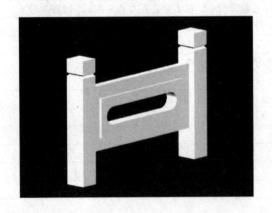

两侧立柱：5 分	形体及尺寸：3 分； 相对位置：2 分
镂空挡板：10 分	薄板部分：2 分； 厚板部分：2 分； 镂空部分：5 分； 相对位置：1 分

三、生成正放四角锥网架的三维模型。(15分)

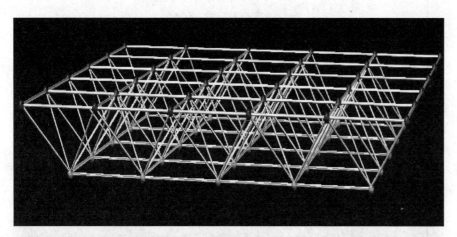

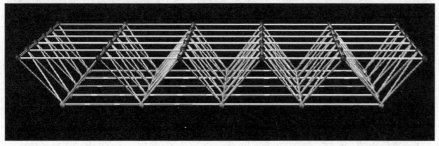

上弦球铰：2分	球铰大小：1分； 球铰相对位置：1分
上弦杆：4分	横杆形体及尺寸：1分； 纵杆形体及尺寸：1分； 相对位置及连接：2分
斜腹杆：3分	杆形体及尺寸：1分； 相对位置及连接：2分
下弦杆：4分	横杆形体及尺寸：1分； 纵杆形体及尺寸：1分； 相对位置及连接：2分
下弦球铰：2分	球铰大小：1分； 球铰相对位置：1分

四、根据给出的建筑施工图,按要求构建房屋模型,并进行渲染。(60分)

建模 (40分)	正门台阶:4分	台阶形体及尺寸:2分; 相对位置:2分
	车库坡道:2分	形体及尺寸:1分; 相对位置:1分
	女儿墙:4分	形体及尺寸:2分; 拉伸路径及生成:2分
	车库顶露台 护栏:5分	形体及尺寸:4分; 形体及位置:1分
	窗:8分	每个窗:1分,共8个
	门:4分	每个门:2分,共2个
	墙体:11分	北立面:4分;东立面:3分; 南、西立面各2分
	屋面板:2分	车库顶板高度:1分; 屋面顶板高度:1分
附着材质 (10分)	女儿墙:1分	
	墙体:3分	颜色:1分;纹理:2分
	门:2分	
	窗:2分	
	玻璃:2分	
设置光线 (5分)	强度:2分	
	角度:3分	
渲染图像 (5分)	背景设置:1分	
	尺寸设置:1分	
	透视效果:3分	

第三期 CAD 技能二级(三维几何建模师)试题参考评分标准

一、杯口基础模型。(10 分)

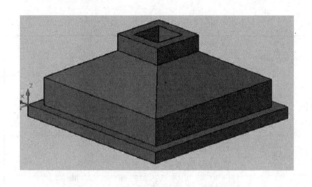

中间挖空：3 分	形体及尺寸：2 分； 相对位置：1 分
锥台部分：7 分	顶部长方体：1 分； 中间锥台：3 分； 底部长方体：1 分； 各部分相对位置：2 分

二、正六边形门模型。(15 分)

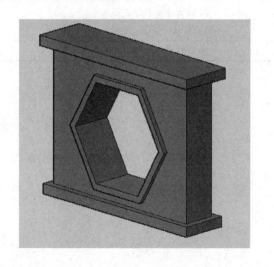

上檐：3 分	形体及尺寸：2 分； 与墙体相对位置：1 分
墙体：5 分	勒脚：2 分； 中间墙体：1 分； 相对位置：2 分；
中空门洞：7 分	形体：3 分； 尺寸：3 分； 与墙体的相对位置：2 分

三、生成正放抽空四角锥网架的三维模型。(15分)

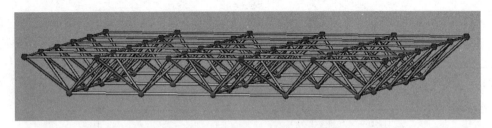

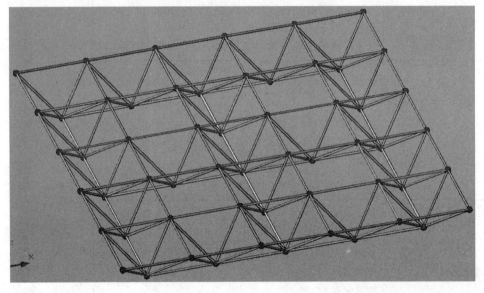

上弦球铰：2分	球铰大小：1分； 球铰相对位置：1分
上弦杆：3分	横杆形体及尺寸：1分； 纵杆形体及尺寸：1分； 相对位置及连接：1分
斜腹杆：3分	杆形体及尺寸：1分； 相对位置及连接：2分
下弦杆：3分	横杆形体及尺寸：1分； 纵杆形体及尺寸：1分； 相对位置及连接：1分
下弦球铰：2分	球铰大小：1分； 球铰相对位置：1分
抽空部分：2分	抽空杆件及位置：2分

四、根据给出的建筑施工图，按要求构建房屋模型，并进行渲染。(60分)

建模 (40分)	南侧阳台：8分	一层阳台下墙体：2分； 二、三层阳台板：2分； 阳台扶手及栏杆：4分
	南侧阳台隔墙：2分	形体及尺寸：1分； 相对位置：1分
	女儿墙：4分	形体及尺寸：2分； 拉伸路径及生成：2分。
	南侧阳台雨棚：2分	形体及尺寸：1分； 相对位置：1分
	窗：9分	每个窗：0.5分，共18个
	门：6分	每个门：0.5分，共12个
	墙体：7分	南立面：2分； 东立面：2分； 北、西立面各1.5分
	屋面板：2分	形体及尺寸：1分； 相对位置：1分
附着材质 (10分)	女儿墙：1分	
	墙体：3分	颜色：1分； 纹理：2分
	门：2分	
	窗：2分	
	玻璃：2分	
设置光线 (5分)	强度：2分	
	角度：3分	
渲染图像 (5分)	背景设置：1分	
	尺寸设置：1分	
	透视效果：3分	

第四期CAD技能二级(三维几何建模师)试题参考评分标准

一、台阶模型。(10分)

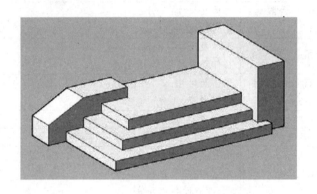

右侧挡板：2分	形体及尺寸：1分； 相对位置：1分
左侧挡板：3分	形体及尺寸：2分； 相对位置：1分
踏步：5分	形体及尺寸：3分； 相对位置：2分

二、门廊模型。(15分)

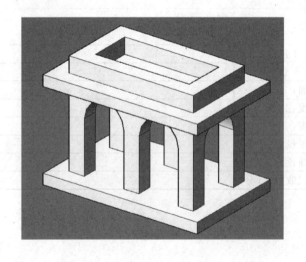

顶板：5分	顶板形体及尺寸：2分； 顶板上造型体尺寸及位置：3分
底板：2分	尺寸：1分； 与立柱相对位置：1分
立柱及开洞：8分	立柱形体及尺寸：2分； 开洞尺寸及位置：6分(每洞2分)

三、正放三角锥网架模型。(15分)

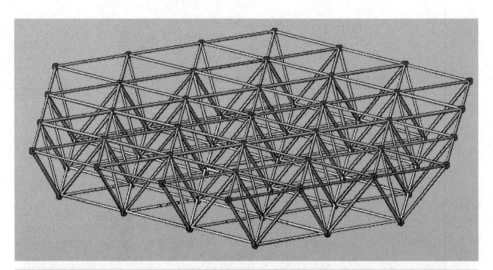

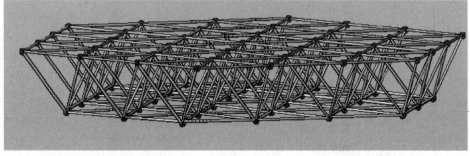

上弦球铰：2分	球铰大小：1分； 球铰相对位置：1分
上弦杆：4分	横杆形体及尺寸：1分； 纵杆形体及尺寸：1分； 相对位置及连接：2分
斜腹杆：3分	杆形体及尺寸：1分； 相对位置及连接：2分
下弦杆：4分	横杆形体及尺寸：1分； 纵杆形体及尺寸：1分； 相对位置及连接：2分
下弦球铰：2分	球铰大小：1分； 球铰相对位置：1分

四、根据给出的建筑施工图，按要求构建房屋模型，并进行渲染。（60分）

建模 （40分）	墙体：8分	南立面：2分； 东立面：2分； 北、西立面各1.5分； 勒脚：1分
	窗：6.5分	每个窗：0.25分，共26个
	门：4.5分	每个门：0.5分，共9个
	阳台：7分	南侧阳台：4分，其中位置2分，尺寸2分； 东侧阳台：3分，其中位置1分，尺寸2分
	南侧阳台隔墙：1分	位置及尺寸：1分
	屋顶造型：11分	南侧中间造型：5分，其中立柱2分，墙体1分，顶板2分； 其他造型：6分，其中每个2分，共3个
	屋面板：2分	形体及尺寸：1分； 相对位置：1分
附着材质 （10分）	屋顶形体：1分	
	墙体：3分	颜色：1分；纹理：2分
	门：2分	
	窗：2分	
	玻璃：2分	
设置光线 （5分）	强度：2分	
	角度：3分	
渲染图像 （5分）	背景设置：1分	
	尺寸设置：1分	
	透视效果：3分	

第五期 CAD 技能二级（三维几何建模师）试题参考评分标准

一、台阶模型。（10 分）

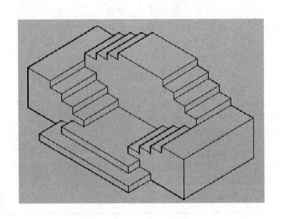

前部台阶：2 分	形体及尺寸：1 分； 相对位置：1 分
后部台阶：3 分	形体及尺寸：2 分； 相对位置：1 分
中间台阶及平台：5 分	形体及尺寸：3 分（各 1.5 分）； 相对位置：2 分（各 1 分）

二、门房模型。（15 分）

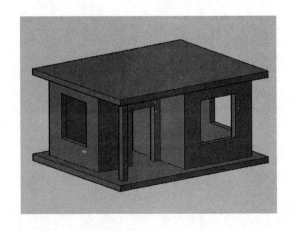

顶板、底板：2 分	形体及尺寸：2 分（每板 1 分）
墙体：4 分	尺寸：3 分； 与底板相对位置：1 分
立柱：1 分	立柱形体及位置：1 分
门、窗洞口：8 分	门洞尺寸及位置：2 分（外门洞）； 窗洞尺寸及位置：6 分（每个 2 分）

三、弧形网壳模型。(15分)

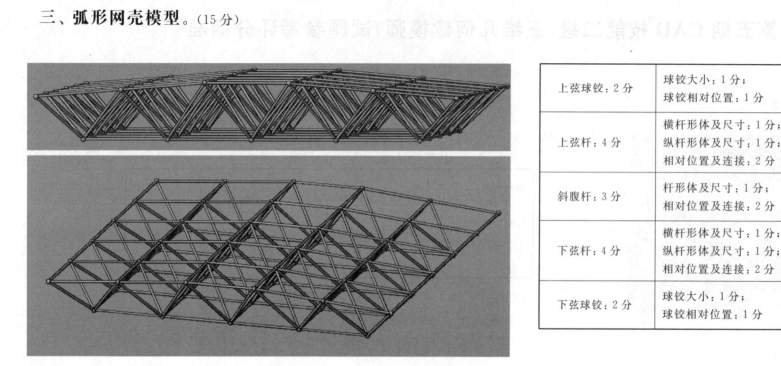

上弦球铰：2分	球铰大小：1分； 球铰相对位置：1分
上弦杆：4分	横杆形体及尺寸：1分； 纵杆形体及尺寸：1分； 相对位置及连接：2分
斜腹杆：3分	杆形体及尺寸：1分； 相对位置及连接：2分
下弦杆：4分	横杆形体及尺寸：1分； 纵杆形体及尺寸：1分； 相对位置及连接：2分
下弦球铰：2分	球铰大小：1分； 球铰相对位置：1分

四、根据给出的建筑施工图,按要求构建房屋模型,并进行渲染。(60分)

建模 (40分)	墙体:8分	南立面:2分; 东立面:2分; 北立面:2分; 西立面:2分
	窗:9.5分	每个窗:0.5分(位置和尺寸均正确才得分),共19个
	门:4分	每个门:2分(位置1分、形状1分),共2个
	台阶及车库坡道:2.5分	南侧正门台阶:1.5分 车库坡道:1分
	坡屋面:16分	一层坡屋面:8分,其中包括屋脊形状及高度5分,相对位置3分 二层坡屋面:8分,其中包括屋脊形状及高度5分,相对位置3分
附着材质 (10分)	屋顶形体:2分	
	墙体:2分	
	门:2分	
	窗框:2分	
	玻璃:2分	
设置光线 (5分)	强度:2分	
	角度:3分	
渲染图像 (5分)	背景设置:1分	
	尺寸设置:1分	
	透视效果:3分	

第六期 CAD 技能二级（三维几何建模师）试题参考评分标准

一、柱脚模型。(10分)

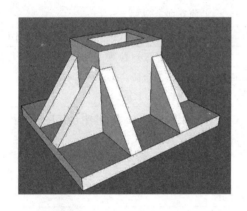

底板：1.5分	形体及尺寸：1分； 相对位置：0.5分
中间筒：2.5分	内外尺寸及形体：2分（各1分）； 相对位置：0.5分
三角撑：6分	形体及尺寸：4分（每个0.5分）； 相对位置：2分

二、罗马柱模型。(15分)

柱帽：1分	形体及尺寸各0.5分
柱基座：1分	形体及尺寸各0.5分
柱两端回转体部分： 8分	平面尺寸：4分（上下各2分）； 旋转生成形体：2分（上下各1分）； 相对位置：2分（上下各1分）
柱中段拉伸部分： 5分	平面图尺寸：3分； 拉伸生成形体：1分； 相对位置及连接：1分

三、生成正放抽空四角锥网架的三维模型。(15分)

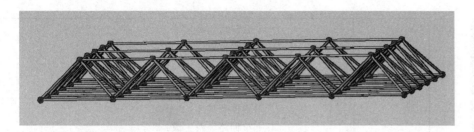

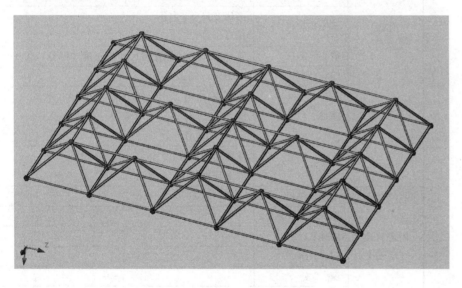

上弦球铰：2分	球铰大小：1分； 球铰相对位置：1分
上弦杆：3分	横杆形体及尺寸：1分； 纵杆形体及尺寸：1分； 相对位置及连接：1分
斜腹杆：3分	杆形体及尺寸：1分； 相对位置及连接：2分
下弦杆：3分	横杆形体及尺寸：1分； 纵杆形体及尺寸：1分； 相对位置及连接：1分
下弦球铰：2分	球铰大小：1分； 球铰相对位置：1分
抽空部分：2分	抽空杆件及位置：2分

四、根据给出的建筑施工图,按要求构建房屋模型,并进行渲染。(60分)

建模 (40分)	正门台阶:4分	台阶形体及尺寸:2分; 相对位置:2分
	车库坡道:2分	形体及尺寸:1分; 相对位置:1分
	女儿墙:4分	形体及尺寸:2分; 拉伸路径及生成:2分
	车库顶护栏:5分	形体及尺寸:4分; 相对位置:1分
	窗:8分	每个窗:1分(位置和尺寸均正确才得分),共8个
	门:4分	每个门:2分,共2个
	墙体:11分	北立面:3分; 南立面:4分; 东、西立面各2分
	屋面板:2分	车库顶板高度:1分; 屋面顶板高度:1分
附着材质 (10分)	车库顶护栏:1分	
	屋面板:1分	
	墙体:2分	
	门:2分	
	窗:2分	
	玻璃:2分	
设置光线 (5分)	强度:2分	
	角度:3分	
渲染图像 (5分)	背景设置:1分	
	尺寸设置:1分	
	透视效果:3分	

第七期CAD技能二级(三维几何建模师)试题参考评分标准

一、台阶模型。(10分)

中间平台:1分	形体及尺寸:1分
底部台阶:6分	内外尺寸及形体:3分(各1分); 相对位置:3分(各1分)
上部台阶:3分	形体及尺寸:2分; 相对位置:1分

二、门房模型。(15分)

顶板、底板:3分	形体及尺寸:2分(每板1分); 相对位置:1分
墙体:3分	尺寸:2分; 与底板相对位置:1分
门、窗洞口:9分	门洞尺寸及位置:各2分,共6分; 窗洞尺寸及位置:3分(每个1分)

三、斜拉桥模型。(15分)

桥面板：3分	平板尺寸：2分；
	相对位置：1分
立柱部分：2分	形体及尺寸：1分；
	相对位置：1分
横梁部分：2分	形体及尺寸：1分；
	相对位置：1分
柱基座部分：2分	形体及尺寸：1分（上下各1分）；
	相对位置：1分（上下各1分）
拉索：6分	拉索形体及尺寸：4分；
	相对位置及连接：2分

四、根据给出的建筑施工图，按要求构建房屋模型，并进行渲染。(60分)

建模 (42分)	正门台阶：1分	台阶形体及尺寸：1分
	阳台：9分	每个阳台：1分(位置和尺寸均正确才得分)，共9个
	女儿墙：1分	形体及尺寸：0.5分； 拉伸路径及生成：0.5分
	窗：14分	每个窗：1分(位置和尺寸均正确才得分)，共14个
	门：10分	每个门：1分，共10个
	墙体：6分	西、北立面各1分； 南立面：2分； 东立面：2分
	屋面板：1分	形体及尺寸：1分
附着材质 (8分)	阳台护栏：1分	
	墙体：1分	
	门：2分	
	窗：2分	
	玻璃：2分	
设置光线 (5分)	强度：2分	
	角度：3分	
渲染图像 (5分)	背景设置：1分	
	尺寸设置：1分	
	透视效果：3分	

第八期 CAD 技能二级（三维几何建模师）试题参考评分标准

一、硬座模型。(10分)

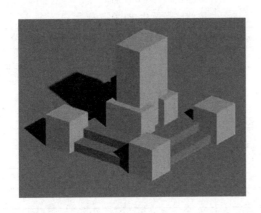

四角棱台：4分	形体及尺寸：2分（每个0.5分）；
	相对位置：2分（每个0.5分）
中间碑体：1分	尺寸及形体：0.5分；
	相对位置：0.5分
台阶：2分	形体及尺寸：1分；
	相对位置：1分
碑体围护：3分	形体及尺寸：2分（每个1分）；
	相对位置：1分（每个0.5分）

二、门房模型。(15分)

顶板、底板：2分	形体及尺寸：2分（每板1分）
墙体：4分	尺寸：3分；
	与底板相对位置：1分
挑檐：1分	形体及位置：1分
门、窗洞口：6分	门洞尺寸及位置：内外各1分；
	窗洞尺寸及位置：4分（每个1分）
立柱：2分	形体及尺寸：1分；
	相对位置：1分

三、城墙模型。(15分)

女儿墙:3分	形体及尺寸:2分(后部0.5分,前部1.5分); 相对位置:1分(前后各0.5分)
挑檐:2分	形体及尺寸:1分(前后各0.5分); 相对位置:1分(前后各0.5分)
墙体:2分	形体及尺寸:1分; 相对位置:1分
城门开洞:8分	拱形开洞形体及尺寸:3分(各1分); 城门立面剖切形体及尺寸:3分(各1分); 开洞相对位置:2分

四、根据给出的建筑施工图，按要求构建房屋模型，并进行渲染。(60分)

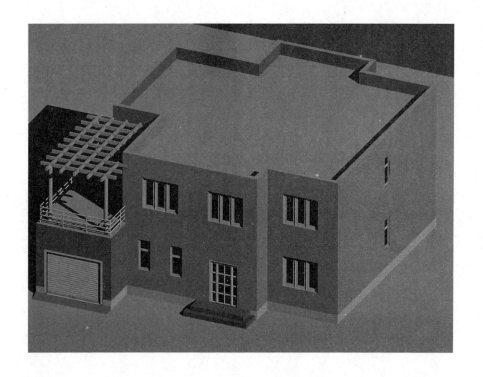

建模 (40分)	正门台阶：4分	台阶形体及尺寸：2分； 相对位置：2分
	车库坡道：1分	形体及尺寸：0.5分； 相对位置：0.5分
	女儿墙：4分	形体及尺寸：2分； 拉伸路径及生成：2分
	车库顶护栏及立柱：6分	护栏形体及尺寸：2分； 护栏相对位置：1分； 立柱形体及位置：3分(各1分)
	窗：8分	每个窗：0.5分(位置和尺寸均正确才得分)，共16个
	门：4分	每个门：2分，共2个
	墙体：8分	南、北立面各2分； 东、西立面各2分
	屋面板等：5分	车库顶板形体：1分； 棚架形体：3分； 屋面顶板形体：1分
附着材质 (10分)	勒脚：1分	
	女儿墙：1分	
	墙体：1分	
	门：2分	
	窗：2分	
	玻璃：1分	
	屋面及棚架：2分	
设置光线 (5分)	强度：2分	
	角度：3分	
渲染图像 (5分)	背景设置：1分	
	尺寸设置：1分	
	透视效果：3分	

第九期 CAD 技能二级(三维几何建模师)试题参考评分标准

一、异型梁模型。(10 分)

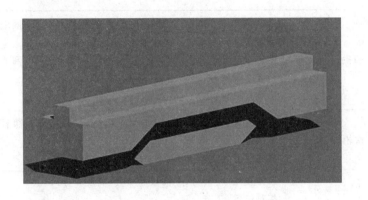

梁上突出：2 分	形体及尺寸：2 分(长宽 1 分，缺口尺寸 1 分)
变截面梁腹：6 分	形体及尺寸：3 分(凹入尺寸 2 分、突出尺寸 1 分)； 变形处相对位置：3 分(凹入位置 2 分，突出位置 1 分)
梁两端：2 分	形体及尺寸：2 分

二、花园门窗模型。(15 分)

上部挑檐：2 分	形体及尺寸：1 分； 相对位置：1 分
墙体：2 分	墙体尺寸：1 分； 相对位置：1 分
门、窗：8 分	洞口尺寸及定位：各 2 分； 洞口四周突出形体：各 2 分
台阶及地面：3 分	台阶形体及尺寸：2 分； 墙后地面：1 分

三、桁架拱模型。(15分)

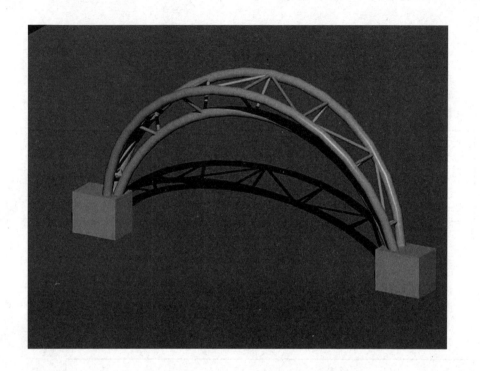

圆拱：7分	中间拱尺寸：3分(轴线半径1分，截面半径1分，圆心位置1分)； 倾斜拱尺寸：3分(轴线半径1分，截面半径1分，圆心位置1分)； 拱相对位置：1分
次桁架：5分	相对位置：4分(角度定位1分，水平梁、斜梁以及腹杆轴线定位各1分)； 截面尺寸：1分
支座：3分	形体及尺寸：2分(平面尺寸1分，高度1分)； 相对位置：1分

四、根据给出的建筑施工图,按要求构建房屋模型,并进行渲染。(60分)

建模 (40分)	台阶:2分	形体及位置:前后各1分,共2分;
	柱:5分	形体及位置:各1分,共5分
	护栏及扶手:9分	护栏形体及位置:每部分2分,共6分; 扶手形体及位置:3分(各1.5分)
	窗:6.5分	每个窗:0.5分(位置和尺寸均正确才得分),共13个
	门:2分	每个门:0.5分,共4个
	墙体:8分	南、北立面各2分; 东、西立面各2分
	坡屋面:6分	二层坡屋面形体及位置4分; 首层坡屋面形体及位置2分
	底部垫层:1.5分	形体及位置:1.5分
附着材质 (10分)	扶手及护栏:2分	
	墙体:2分	
	门:2分	
	窗:2分	
	玻璃:1分	
	屋面及柱:1分	
设置光线 (5分)	强度:2分	
	角度:3分	
渲染图像 (5分)	背景设置:1分	
	尺寸设置:1分	
	透视效果:3分	

第十期 CAD 技能二级(三维几何建模师)试题参考评分标准

一、柱脚模型。(10分)

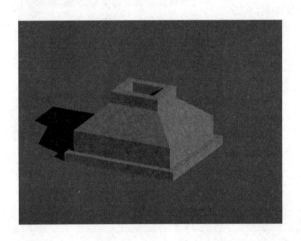

中间挖空:3分	形体及尺寸:2分;
	相对位置:1分
锥台部分:7分	顶部长方体:1分;
	中间锥台:3分;
	底部长方体:1分;
	各部分相对位置:2分

二、斗拱模型。(15分)

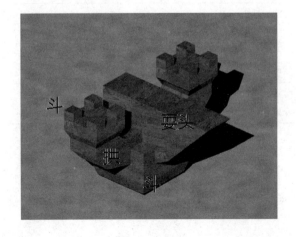

拱:6分	形体及尺寸:两个拱,每个2分(上表面和下表面),共4分;
	相对位置:两个拱,每个1分,共2分
斗:7分	小斗尺寸:两个斗各2分(整体尺寸与槽尺寸),共4分;
	大斗尺寸:2分(整体尺寸与槽尺寸);
	小斗槽与昂上表面平齐:1分
耍头:2分	形体及尺寸:1分;
	相对位置:1分

三、桁架拱模型。（15 分）

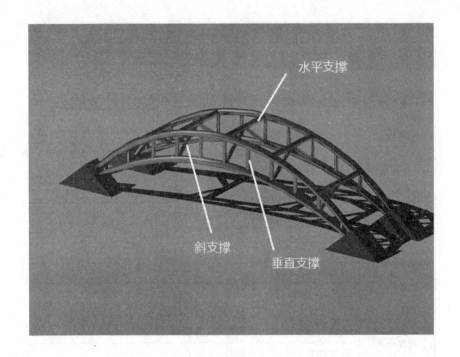

圆拱：4 分	上拱尺寸：2 分（相对位置 1 分，半径 1 分）； 下拱尺寸：2 分（相对位置 1 分，半径 1 分）
支撑：9 分	相对位置：3 分（轴线对齐 1 分，间隔正确 1 分，半径正确 1 分），支撑分水平支撑、垂直支撑、斜支撑共 3 类，共 9 分
拱座：1 分	尺寸和相对位置：1 分
整体尺寸：1 分	桥宽：1 分

四、根据给出的建筑施工图,按要求构建房屋模型,并进行渲染。(60分)

建模 (41分)	南立面台阶:2分	台阶形体及尺寸:2分(左右各1分)
	阳台:6分	每个阳台:1分(位置和尺寸均正确才得分),共6个
	女儿墙:7分	出檐:出檐分两级,各1分,共2分; 高度:1分 拉伸实体形状与相对位置:2分; 装饰:南立面和北立面装饰各1分,共2分
	窗:15分	窗:每扇1分(位置和尺寸均正确才得分),南立面和东立面共15扇窗,共15分
	门:6分	门:每扇1分,南立面共6扇门,共6分
	墙体:4分	南立面:2分; 东立面:2分
	屋面板:1分	形体及尺寸:1分
附着材质 (9分)	阳台扶手:1分	
	墙体:1分	
	门窗:2分	门框、窗框:1分; 门玻璃、窗玻璃:1分
	阳台挡板和扶手:2分	挡板:1分; 扶手:1分
	台阶:1分	
	屋顶和楼板:2分	屋顶:1分; 楼板:1分
设置光线 (5分)	强度:2分	
	角度:3分	
渲染图像 (5分)	背景设置:1分	
	尺寸设置:1分	
	透视效果:3分	

第十一期 CAD 技能二级（三维几何建模师）试题参考评分标准

一、台阶模型。(10分)

侧墙：5分	形体及尺寸：3分； 相对位置：2分
台阶：5分	台阶踏步高度：1分； 台阶踏步宽度：1分； 台阶级数：1分； 台阶形状：2分

二、拱桥模型。(15分)

拱：10分	上侧表面形状与尺寸：2分； 下侧表面形状与尺寸：2分； 两侧表面形状与尺寸：3分； 前后切除面形状与尺寸：3分
路面：5分	长度：1分； 与拱的相对位置：1分； 截面形状：1分； 截面尺寸：2分

三、桁架模型。(15 分)

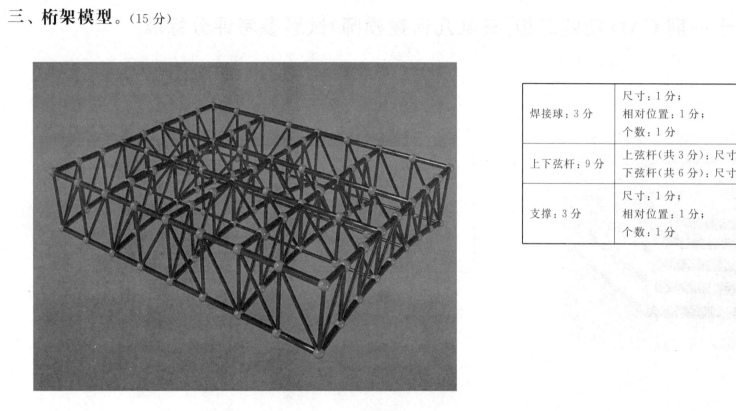

焊接球:3 分	尺寸:1 分; 相对位置:1 分; 个数:1 分
上下弦杆:9 分	上弦杆(共 3 分):尺寸 1 分,相对位置 1 分,个数 1 分; 下弦杆(共 6 分):尺寸 2 分,相对位置 3 分,个数 1 分
支撑:3 分	尺寸:1 分; 相对位置:1 分; 个数:1 分

四、根据给出的别墅施工图，按要求构建房屋模型，并进行渲染。(60分)

建模 (44分)	入口平台：4分	平台位置及尺寸：2分；台阶位置及尺寸：2分
	阳台：2分	位置及尺寸：2分
	屋顶：6分	阳台顶板位置及尺寸：2分； 南立面坡屋面位置及尺寸(包括倾斜角度)：2分； 北立面坡屋面及水平屋面位置及尺寸(包括倾斜角度)：2分
	窗：10分	每扇窗位置和尺寸均正确得0.5分，20扇窗，共10分
	门：4分	每扇门位置和尺寸均正确得1分，4扇门，共4分
	外部楼梯：6分	平台位置和尺寸：2分(错一个扣1分，最多扣2分)； 平台标高：2分(错一个扣1分，最多扣2分)； 踏步宽度和高度：2分
	墙体：8分	各立面方向均1分(形状与厚度各1分)，共8分
	栏杆：4分	阳台栏杆高度和尺寸：2分； 外楼梯栏杆高度和尺寸：2分
附着材质 (8分)	墙体：1分	
	门窗：2分	门框、窗框：1分； 门玻璃、窗玻璃：1分
	栏杆：2分	阳台栏杆：1分； 外楼梯栏杆：1分
	台阶：1分	
	屋顶和楼板：2分	屋顶：1分； 楼板：1分
设置光线 (3分)	强度：1分	
	角度：2分	水平角度：1分； 仰角：1分
渲染图像 (5分)	背景设置：1分	
	渲染方向：1分	
	尺寸设置：1分	
	渲染方式：1分	
	透视效果：1分	

第十二期 CAD 技能二级(三维几何建模师)试题参考评分标准

一、波纹钢腹板梁模型。(10分)

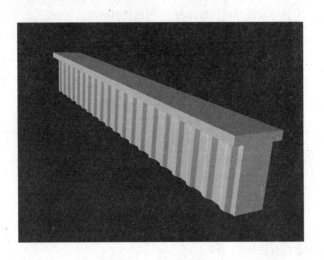

梁主要尺寸:6分	翼缘(2分):宽1分,高1分; 腹板(2分):宽1分,高1分; 截面形状(1分):1分(对称T形); 梁长(1分)
波纹腹板尺寸:4分	外缘尺寸(1分); 内缘尺寸(1分); 外缘与内缘垂直距离(1分); 与梁对齐(1分)

二、水塔模型。(15分)

轮廓：4分	上部圆台：2分	上下截面形状尺寸各0.5分,总共1分; 高度0.5分; 整体形状正确0.5分
	下部棱台：2分	上下截面形状尺寸各0.5分,总共1分; 高度0.5分; 整体形状正确0.5分
棱台镂空：11分	对于1个侧面视图：8分	圆角(1.5分)：位置1分(缺1个扣0.5分,扣完为止),尺寸0.5分; 上部镂空(2分)：尺寸1分,形状0.5分,位置0.5分; 中部镂空(2分)：尺寸1分,形状0.5分,位置0.5分; 底部(2.5分)：其中棱台被挖除部分尺寸1分,形状0.5分,立方体尺寸0.5分,形状0.5分
	两个正交侧视图方向均有实体编辑：1分	
	顶部板开洞：1分	与形状0.5分; 位置0.5分
	尺寸中部板开洞：1分	尺寸与形状0.5分; 位置0.5分

三、桁架模型。(15分)

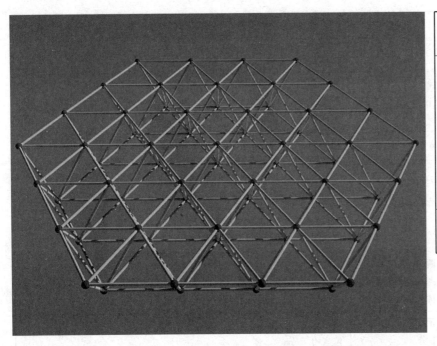

球铰：3分		尺寸(1分)； 布置(2分)：一个不对扣0.5分，扣完为止
杆件：9分	截面：2分	形状1分； 尺寸1分(特别注意圆截面和轴线不垂直造成的尺寸错误)
	长度：1分	
	布置：6分	上部平面(2分)：1根杆相对位置不对扣0.5分，扣完为止； 下部平面(2分)：1根杆相对位置不对扣0.5分，扣完为止； 上下面间系杆(2分)：1根杆相对位置不对扣0.5分，扣完为止
正三棱锥单元：3分		绘制出正三棱锥单元(2分)； 正三棱锥单元杆件端部圆心与球铰球心重合(1分)

四、根据给出的别墅施工图,按要求构建别墅模型,并进行渲染。(60分)

建模 **(40分)**	外墙体:4分	墙体位置(2分); 墙厚度(2分);
	屋顶:9分	屋顶厚度(1分); 屋顶位置(5分);3个坡屋顶和一层窗上2个屋顶,共5个屋顶,每个屋顶各1分,共5分; 屋顶形状(3分);3个坡屋顶截面形状各1分
	外门:4分	外门尺寸(2分);M1、M2各1分; 外门位置(2分);M1、M2各1分
	窗:8分	窗尺寸(3分);C1、C2、C3窗尺寸各1分;窗位置(2分) 窗台尺寸(3分);C1、C2、C3窗台尺寸各1分
	烟囱:4分	截面尺寸(1分);高度位置(2分);烟囱开洞(1分)
	台阶:4分	尺寸(2分);两个平台各1分; 位置(2分);两个平台各1分
	外廊平台:7分	柱子尺寸与位置(2分);尺寸与位置各1分;扶手位置(1分); 平台尺寸与位置(2分);尺寸与位置各1分 扶手端台子尺寸与位置(2分);尺寸与位置各1分
附着材质 **(10分)**	墙体:1分	外墙材质(1分)
	屋顶:1分	
	烟囱:1分	
	门窗:4分	门窗玻璃(2分);门窗框(2分)
	窗台、台阶:2分	窗台(1分);台阶(1分)
	栏杆:1分	
设置光线 **(4分)**	强度:2分	
	角度:2分	方向角、俯角各1分
渲染图像 **(6分)**	背景设置:2分	
	尺寸设置:2分	
	透视效果:2分	